Conoce todo sobre estética en videojuegos

Conoce todo sobre estética en videojuegos

José A. Corbal

Editado por:

RA-MA Editorial

Madrid, España

Colección American Book Group - Ingeniería y Tecnología - Volumen 2.
ISBN No. 978-168-165-701-1
Biblioteca del Congreso de los Estados Unidos de América: Número de control 2019934914
www.americanbookgroup.com/publishing.php

Maquetación: Antonio García Tomé
Diseño de portada: Antonio García Tomé
Arte: Stockgiu / Freepik

A Elisa Sotelo

ÍNDICE

PARTE I

¿SON LOS VIDEOJUEGOS ARTE?

1

HACIA UNA BREVE TEORÍA DEL ARTE

Durante los últimos años, el debate de si los videojuegos pueden ser considerados arte está en curso con opiniones enfrentadas. Una obra de arte es contemplada por un espectador. El juego requiere una respuesta o interacción que cambie su estado a otro nuevo. Pero es cierto que los videojuegos están dedicados a mucho más, puesto que el jugador que los maneja no ejerce un único rol. Digamos que el jugador-percutor es aquel jugador tradicional que se encarga de hacer que el juego modifique su estado de acuerdo con las reglas que este mismo impone —lo que denominaremos *ludos*— o que le han sido impuestas para que el factor de riesgo sea tal que permita su propia existencia; y el jugador-espectador es aquel que, como el que contempla una obra en un museo, experimenta un cambio o viaje interior —lo llamaremos *nóstos*—. Mientras esta segunda vertiente exista, siempre será una obra de arte, ya que son una relación biunívoca.

Tenemos, por tanto, que analizar los términos que hace que una producción pueda ser considerada artística.

1.1 INTRODUCCIÓN A LOS MODOS DE PRODUCCIÓN

Existe una gran ambigüedad a la hora de interpretar correctamente la terminología que rodea el ámbito de lo artístico y las necesidades de lo que consideramos arte, y puede ser precisamente por ello por lo que su definición puede ser tan enigmática. Igualmente, no puede existir arte sin artista, y sin saber definir a este productor de arte de un productor mecánico, difícilmente podremos categorizar correctamente.

Haciendo un repaso etimológico, los términos *poíēsis*, *téchnē* y *espistēmē* de la Grecia antigua son los que derivaron en diferentes partes de la producción y de los conocimientos que esta requiere, pero sigue sin haberse matizado correctamente qué implican cada una de estas palabras o en qué se diferencian exactamente. El término *poíēsis* significa «fabricación» o «producción», derivado del verbo *poiéo* que significa «producir» (Pantelia 2011; Liddell y Scott 1940), aunque también puede implicar un «procedimiento» (Rodríguez Adrados y Elícegui 2008). El verbo *poiéo* en textos clásicos de Hesíodo significaba «crear», «concebir» o «traer a la existencia», en donde ese creador era referido como *poió*. Podía referirse a conferir cierta condición. Tenía implicaciones en todas las esferas, la producción matemática como «operar», más concretamente con la acepción de multiplicar (*Métrica* de Herón de Alejandría), «postular» o «implicar», el efecto de resolver un problema; también en medicina como la acción tratar al paciente o sencillamente ser eficiente; referido a la gastronomía tenía el significado de «preparar»; en las artes místicas de la antigüedad era el correcto modo de proceder; pero también en se utilizaba en lo que hoy denominamos artes, como la composición poética[1], sobre todo tras la influencia de la obra de Homero, lo que alteró el término hasta que llegó a significar representado en poesía o descrito en verso. En el *Eutifrón* platónico se comprendía como «inventar» (Liddell y Scott 1940; Rodríguez Adrados y Elícegui 2008).

Las versiones más antiguas de *poiéo* tenían el carácter de «actuar» en diversos modos y para diferentes disciplinas, pero también «crear», aunque más como acción de la divinidad o por medio de ella. En la Odisea hay versos donde significa «poner en un cierto lugar», pero siempre como resultado de la acción de un dios.

Es por esto que *poíēsis* se traduce como «producir» (y en algunos casos «inventar», pero siempre en el contexto de la producción). Con más detalle se puede ver la traducción, quizá más apropiada, de «modo de realización» o «procedimiento». Con el prefijo «*ei-*» obtenemos el verbo «adoptar».

Si la *poíēsis* es un modo de producción, ¿en qué se diferencia de la *praxis*? Este segundo término tiene también el significado de «hacer», implica una acción, un ejercicio, pero con matices. En lo militar se refería a la batalla propiamente dicha, no a la estrategia sino a la ejecución de esta; se utilizaba como la acción realizada (hecha real). En la magia no se refería a la práctica meditativa o contemplativa de esta, sino a ejecutar un sortilegio; era empleada también como el discurso en filosofía, no escrito, sino orado en público. Fundamentalmente se utilizaba en economía como el resultado del negocio, el tipo de éxito o fracaso, pago de deudas; en contextos

1. Precisamente «poesía» es una palabra proveniente de forma directa de la misma *poíēsis* referida a materializar pensamientos, es decir, realizar en el sentido de hacer real. El infijo *«-sis-»* de *«poíēsis»* indica acción, y el sufijo *«-ia»* de *«poesía»*, cualidad.

formales significaba retribución en el mejor de los casos y exacción en el peor; y en ámbitos coloquiales, un eufemismo para relaciones sexuales (Liddell y Scott 1940; Rodríguez Adrados y Elícegui 2008).

Es un verbo activo que se refiere al sentido práctico en contraposición al teórico. Escribir un texto es *poíēsis*, se produce trayéndolo de la mente y haciéndolo real, material; *praxis* es exponerlo, discutirlo, defenderlo ante académicos o recitarlo. Si *poíēsis* es la realización en el sentido material, *praxis* es la realización en la práctica de su fin. Ya Aristóteles nos advertía de ello en la *Ética nicomaquea* y en *Poética*, siendo la *praxis* una acción como fin en sí mismo. Más que como «práctica», es más adecuado traducir *praxis* como «acción», y la *poíēsis* como «movimiento». Sin embargo, no creo que se puedan dar como entes separados, ya que en cada movimiento *poiētico* hay una cierta *praxis*. El fin de una producción es distinto a la producción, y es este fin lo que debemos considerar *praxis*, y solo el proceso que tiene lugar durante la producción, *poíēsis*.

El carácter en la *poíēsis* de la posibilidad humana es lo que los griegos nombraron *téchnē*, y no necesariamente en sentido estético estricto (Bravo, 2014). Aquello que puede hacerse, que puede ser o llegar a ser, que pasa del no-ser al ser, el juego inclusive, pero también el juego como arte. Todo trabajo de creación, toda producción, implica una *téchnē* (Liddell y Scott 1940), aunque no toda *téchnē* implica *poíēsis*. La diferencia fundamental entre la *téchnē* y la *poíēsis* es la **creatividad**. Ambas buscan la producción, pero en la *téchnē* se quiere obtener el resultado puro para un fin, mientras en que la producción *poiētico* se incluye incluso el juego. Heidegger lo asociaba con «el florecer de la flor»; una iluminación.

La *espistēmē* es lo opuesto a la ignorancia y es una forma elevada de *téchnē*. Es el conocimiento sobre lo que todo se apoya. Para los antiguos griegos era compañera de la *téchnē* y en concreto para Platón, significaba «creencia verdadera justificada por la razón» (*Teeteto*) en contraposición con la opinión. Esto es, la habilidad de conocer lo real tal y como es, y con lo real se refería a las formas. Lo más parecido que tenemos en nuestro esquema de conocimiento que ofrezca clara justificación de una creencia es la ciencia, por lo que podemos identificarla con la *espistēmē*.

La *téchnē* implica los conocimientos requeridos durante la producción, los métodos y principios, pero su fin es la producción en sí misma, es un conocimiento activo. La *espistēmē* es también un conocimiento, científico, pero teórico y por tanto pasivo, que se sincroniza con la producción: *poiētico* si está asociada a la creatividad, y *técnico* en caso de no estarlo.

En lugar de distinguir como hacemos hoy en día en la dicotomía de teoría y práctica, los griegos disponían de un abanico mucho mayor para exponer el proceso que transcurría desde la creación en la mente de un artesano hasta su puesta en práctica. Haciendo una analogía, aunque la traducción no puede ser perfectamente exacta, el proceso de producción comienza en la *espistēmē*, el conocimiento científico con el cual se produce a través de una habilidad o *téchnē*, que cuando está asociada a un deseo de crear (creatividad) es un modo de producción *poiētico*. Cuando la obra está terminada se le da un uso, que es el fin para el que fue diseñada, su *praxis*.

Retomando estos términos clásicos, se regresa al uso de una categorización que nos permite comprender mejor el arte como modo de producción, o el modo de producir en sí mismo, artístico o no.

1.2 LOS REPERTORIOS Y LAS DISPOSICIONES

El concepto de estético como «bello» referido a la producción se encuentra dentro de lo repertorial por lo dado según las academias y la coherencia interna que esta requiere para ser, y es esto lo que educa las sensibilidades, pero cuando un artista, por una mera cuestión disposicional pretende ir en contra de esas regulaciones y estructuraciones de los conocimientos, ya sea por experimentar o por marcar una diferencia, lo que realiza, queriendo o no, es buscar una «antiestética». El prefijo «anti» aquí es muy acertado, pues no se trata de indicar una oposición solamente, sino también una sustitución, y en verdad es así, pues lo que quiere es que su antiestética disposicional, con el tiempo se vea aceptada como estética repertorial, lo que se entiende como el paso de lo antiestético a lo a-estético. Una vez aceptada, ya siempre se quedará dentro del polo repertorial porque es absorbente y poco olvidadizo. Tómese, por ejemplo, una vez el impresionismo —antiestético en época de Vincent van Gogh—, se va aceptando y se admite en el repertorio, siempre se podrá trabajar con esa estética, sea el siglo que sea, sin salirse del repertorio. Un elemento del repertorio nunca caduca, siempre se mantiene a lo largo del tiempo, esto es, los elementos del repertorio nunca se ven eliminados o relegados con la llegada de otros nuevos.

Puede que, dependiendo de modas y otras cuestiones sociales, un repertorio tenga una mayor importancia, generalmente como reacción especular a eventos sociales que conforman el carácter y el estado de ánimo. La búsqueda de orden social en un mundo en crisis lleva a la gente a hallar «la belleza» en el arte ordenado y dispuesto según patrones matemáticos, como el fotorrealismo o el hiperrealismo (véanse autores como Robert Neffson o Alyssa Monks); y en tiempos de excesivo orden, se intenta buscar lo contrario, como la música experimental francesa o el surrealismo, que cuando todo ese mundo ordenado llevó a una gran guerra dando a entender que los resultados de lo excesivamente preciso no son necesariamente buenos.

Lo que mueve a un artista (o artesano) a crear es una cuestión puramente disposicional. Cierto es que eso ocurre tras una aculturación y sensibilidad ya educadas, con las que puede estar o no de acuerdo y eso es lo que precisamente le lleva a quedarse dentro de lo repertorial o irse al disposicional respectivamente. Esto indica que, si la *poíēsis* es lo que mueve el alma del artista, esta variable se puede dar tanto dentro del polo repertorial o disposicional, pero es aquella *poíēsis* antiestética la que solo puede ser disposicional. Así, no podemos decir que lo *poiētico* es rigurosamente repertorial. Se encuentra a lo largo de todo el proceso, pero aquella que busca nuevas formas de expresión, haciendo uso de habilidades y habiendo salido de la sensibilidad, la *poíēsis* propiamente dicha por su creatividad inherente, es, en esencia, estrictamente disposicional porque atiende a solo a las cuestiones sensibles.

Recordando el repaso etimológico anterior, la *téchnē* y la *espistēmē* siempre están ligadas, pero si leemos con atención los textos platónicos (*República*) vemos que la *téchnē* se puede, a su vez, dividir en teórica y práctica. Ambas como modos de producción tal y como nos hemos referido, uno que distinguimos de la *poíēsis* por la carencia de un aspecto creativo, pero con la diferencia de las formas que producen. Una *téchnē* teórica no produce tras su actividad nuevas formas mientras que la práctica sí (Parry 2014). Con esto podemos también tratar de extrapolarlo a la *poíēsis* y entender que existen dos tipos, uno «teórico» y otro «práctico», pero dado que considero que todo modo de producción es siempre práctico, prefiero catalogarlas de «vivo» e «inerte». El vivo trata de producir un estilo diferente, una nueva forma, otra estética nueva (crea); la inerte, por contra, produce las formas ya conocidas, la vieja estética (replica).

Dentro de lo repertorial también existe una *poíēsis*, pero no es un modo de producción que busca explorar nuevos horizontes, sino mantenerse dentro de lo normativo y académico. No podemos decir que sea una sensibilidad tan exacerbada como la mencionada en el párrafo anterior. Puede ser sensible dentro de los marcos y regulaciones del repertorio, es decir, una *poíēsis* inerte, más en consonancia con la *téchnē* del repertorio que con la naturaleza del artista, que no lleva al artista a producir sensiblemente dejando expandir su mente, sino acotada por los límites de esta que han sido impuestos por escuelas y universidades. Esta *poíēsis*, por muy sensible que sea, por muy «artística», no se rige por las disposiciones del artista, es decir, por su naturaleza, sino por agradar al conformismo estipulado, y por ello es un modo de producción que solo replica, no crea, y por tanto inerte. Es en cierto modo una *poíēsis técnica*, pero no podemos clasificarla así dado que el motor que mueve al artista es la producción por creatividad, y aunque esta se halle mermada por la aculturación repertorial, por definición cae dentro de la *poíēsis* y no de la *téchnē*. Es la diferencia entre replicar (*poíēsis* inerte) y crear (*poíēsis* viva), estas son, *poíēsis* repertorial y *poíēsis* disposicional respectivamente.

Así, la *poíēsis* inerte es el modo de producción acotado por el repertorio y que está generado por una creatividad replicadora. Puede darse una cierta exploración por ser *poíēsis* y por ello estar asociado a la creatividad, pero siempre sin negar lo necesario tanto como para querer/poder salir de ese círculo de normas y regulaciones.

No podemos calificar rigurosamente a la *poíēsis* inerte como opuesta a la *poíēsis* viva ya que toda obra de arte *poiētica* está viva, pero la que se limita por el repertorio es inactiva, porque no permite que se exploren nuevas vías de forma abrupta. No es *poíēsis* «muerta» porque el deseo de crear sigue vigente. El único movimiento que permite la *poíēsis* inerte es aquella que va de lo necesario a lo contingente, y la única innovación que puede llevar a cabo es aquella dentro de la contingencia que no es lo suficientemente fuerte como para negar la necesidad interna y dar el paso a lo disposicional. Pero para dar ese paso hace falta vida, y esta viene de la naturaleza del artista. Solo un artista vivo en sus pasiones puede tener la fuerza para salirse de lo establecido y la creatividad para dar forma a sus obras, y es esta la *poíēsis* viva. Con esto, la *poíēsis* viva es el modo de producción antirrepertorial y que está generado por una creatividad innovadora y regido por la naturaleza del artista.

Si lo *poiētico* vivo sigue la naturaleza del artista, podemos decir también que se rige por su naturaleza, ya que ha conseguido, mediante una actitud heroica, sobreponerse a lo establecido. Del artista o artesano que carece de tal actitud, no puede decirse que no siga su propia naturaleza, puesto que a lo mejor esta es la de seguir los patrones ya formados y no tener ímpetu para innovar. El artesano repertorial sigue siendo creativo, pero produciendo por *poíēsis* inerte, y no es innatural porque su naturaleza le mantiene donde está, y no en contra de su voluntad. El artista de *poíēsis* viva no puede ser restringido porque prefiere crear antes que replicar. Es por esto que no podemos decir del artesano repertorial de *poíēsis* inerte que sea innatural, pero si tenemos en cuenta que su naturaleza es producto y resultado de un proceso de aculturación, se puede calificar de antinatural si tomamos el término «naturaleza» como aquello inherente a los artistas que les mueve a seguir sus disposiciones pese a haber sido aculturados en sus sensibilidades.

Con respecto a la educación de las sensibilidades y la aculturación, estas vienen de mano de lo repertorial, que es quien marca qué es lo «adecuado» y «verdaderamente artístico» (en términos estéticos académicos) y, por tanto, lo estético es repertorial. Es precisamente lo disposicional lo antiestético. Con esto, en todo caso, el polo repertorial es estético y el disposicional antiestético. Asimismo, el polo disposicional es natural, lleno de *poíēsis* viva, y el repertorial es innatural, regido por la *poíēsis* inerte.

1.3 ¿POR QUÉ LO DISPOSICIONAL REQUIERE SER DICOTÓMICO?

Es necesario hacer esta discriminación para poder incluir dentro de «artístico» aquello que no culturalmente no pertenece a ese entorno. Dentro de las categorías de nuestro mundo, las artes se distribuyen en formas, y estas incluyen pictóricos, escultóricos, literarios, musicales, escénicos, cinematográficos, arquitectónicos y más recientemente fotográficos. Pero no se incluyen otras formas como las relativas a las ingenierías, la medicina, las ciencias experimentales, etc.

En la Grecia antigua de la que tomamos sus términos, las artes estaban compuestas fundamentalmente por la música y la poesía trabajando conjuntamente. Hoy hemos expandido el abanico de artes, pero seguimos haciendo una distinción, terrible a mi juicio, que discrimina otras áreas impidiendo que se desarrollen creativamente. La ventaja griega de su léxico invitaba a categorizar y subcategorizar, siempre en una taxonomía infinita que ayudaba a organizar jerárquicamente, pero nos olvidamos de que en toda categorización se crea un polo, y todas las características de uno se ausentan del otro.

La actual categorización académica sugiere desde hace siglos la dicotomía entre Ciencias y Artes, pero se trata de una categorización arbitraria. Unos pocos milenios atrás la geometría gozaba del estatus de arte y ahora es una rama de una ciencia formal: la matemática. Pero es claro ver que el arte es inherente al ser humano, de alguna manera conforma nuestra naturaleza porque consciente o inconscientemente buscamos lo estético (de una manera subjetiva pese a que tras una aculturación se cree algo que recuerde a un consenso), y si el ser humano de hoy no es tan diferente del de hace algunos milenios, lo mismo que nos agradaba estéticamente en el pasado puede hacerlo ahora. Leyendo a Ovidio o a Platón, nos sentimos identificados con ellos a través de su literatura, y los óleos renacentistas siguen inspirando a muchos de este sigo. La geometría, las matemáticas en general, las ciencias naturales antes de haber perdido su componente místico, siempre fueron artes porque somos capaces de ver belleza en cualquier cosa, y nuestras disposiciones nos pueden llevar a ello.

Entonces, ¿por qué es necesario dicotomizar el polo disposicional? No lo es, en realidad no lo sería de no ser que a día de hoy ya vivimos en ese mundo bifurcado, que manifiesta la separación de los hemisferios cerebrales en los modelos sociales que nos rodean. Pero la separación entre Artes y Ciencias, al menos en nuestro contexto, es el proceso al que están sujetas en su interpretación. Un poeta puede o no esperar que sus versos sean reconocidos, estudiados y/o replicados por iguales, pero su función primera, en un ámbito altruista, es mejorar a la humanidad inspirándola; un algebrista, que como el poeta escribe sus ecuaciones, tal y como se ha establecido la academia, necesita que su trabajo sea interpretado por «iguales» antes de que sea aceptado. En lugar de actuar por instinto utiliza su conocimiento científico, para con él, aportar más a lo mismo, y sí, el fin altruista es el mismo, ayudar a mejorar a la humanidad a través del trabajo personal. Lo instintivo puede surgir de la imaginación, de lo onírico o de lo emocional, no tiene que construirse sobre lo anterior; lo *técnico* sigue un proceso. Aunque a los ojos del autor o de otros con sensibilidad igualmente educada lo consideren bello o estético, «elegante» era el término que utilizaría Willem de Sitter, ya que al verse obligado por la formalidad científica al no poder deshacerse de la constante cosmológica en la ecuación de Einstein dijo que «arruinaba la simetría y la elegancia de la teoría original de Einstein» (Haycan 2012), es decir, que era menos estético, en definitiva: menos bello.

Hace falta que discriminemos una disposición *técnica* (estrictamente de producción) de una disposición *natural* (estrictamente instintiva o de acuerdo con la naturaleza del autor) por las cuestiones ya mencionadas, pero dándonos cuenta de que, pese a la rigurosidad formal, no dejan de estar sujetas a las disposiciones. Al fin y al cabo, lo que llevó a Miguel Ángel a esculpir su David es lo mismo que hizo que Galileo estudiase y escribiese sobre las lunas jovianas: sus disposiciones y sensibilidades. Ni el mejor científico del mundo es capaz de evitar levanta su vista al cielo sin la sensibilidad para maravillarse con el universo que le rodea, ni el mejor de los artistas es capaz de obrar sin lo mismo. Ambas son dos maneras, entre muchas otras, de ver el mundo y expresarse.

Por esto, la expresión humana no tiene que verse confinada solo a una lista (a un repertorio) fijo la mayor parte del tiempo, sino que puede utilizar cualquier medio para llevar a cabo su fin. La producción por *téchnē* se ve en cualquier ámbito y entorno, incluso en lo que no es aparentemente artístico según los listados establecidos. La *téchnē* implica un conocimiento de las formas, y la *espistēmē* del conocimiento científico, y siempre que existan estas dos, existe la posibilidad de una producción o una creación, y por tanto siempre de arte en sí. Pero para dar cuenta de aquello que es arte, movido por las disposiciones y conforme a una sensibilidad, tenemos que hacerlo dentro de un marco de referencia, y el que ahora mismo es el establecido por lo repertorial, que determina cuáles son las disciplinas artísticas y cuáles no lo son. El fin completo sería ir aumentando el repertorio.

Decir que llegará un punto en que el repertorio sea tan grande que englobe a todos los posibles estilos sería admitir que la imaginación y creatividad humanas son finitas, y eso es inadmisible, porque cuando los viejos repertorios, tras haber sido desbancados durante siglos renacen, no lo hacen en una regresión estilística, sino que se complementan con nuevas combinaciones propias de disposiciones deseosas de experimentar hacia un nuevo horizonte. Aunque se tomen ejemplificaciones del pasado para moldear un nuevo futuro, siempre se encuentra la manera de realizar una producción novedosa porque las formas a crear no tienen límite.

Si el fin último del arte *poiētico* es la obra en sí, ¿qué finalidad tiene realmente? Si es la autorrealización del artista , entonces no es menos egoísta que la obra utilizada para satisfacer los caprichos del artesano, y por tanto seguiríamos dentro del ámbito del egoísmo. El arte como *arte* está en todas partes.

1.4 INTENCIÓN DEL ARTESANO

Hace falta definir y tener en cuenta una categoría intencional que da lugar a los modos egoísta y altruista, las dos verdaderas posibles intenciones que tiene un artesano a la hora de producir una obra, esto es, a la hora de ejercer esa *poeisis* o *antipoeisis*. Si pretende crear «arte» por una mera cuestión personal y, sin pedir nada a cambio, compartirlo con el mundo para mejorarlo; o pretende obtener una recompensa a cambio como es fama, reconocimiento, gloria, excusas para incrementar en su *curriculum vitæ* o solo una compensación económica: cualquier tipo de beneficio propio. Esto puede ocurrir tanto dentro de un ámbito natural como de uno antinatural, no son excluyentes. Lo que en definitiva distingue una producción altruista de una egoísta es que la primera considera al arte como un fin en sí mismo, y la segunda como un medio.

Siendo verdaderamente estrictos, y añadiendo a la inexistente y nada objetiva definición de arte la necesidad de una sensibilidad especial, es difícil poder encajar lo artístico como un medio, sencillamente porque en el momento en que la producción es solo un medio, debería carecer de propósito artístico.

Un artista es un ser humano y por tanto está sujeto a todo aquello que nos rodea en la sociedad. Si se crea una escultura como fin, sin más intención que la de compartir esa belleza que el autor es capaz de ver en ella y quiere transmitir sin pedir nada a cambio, esa creación viva es diferente de la producción inerte que sería hacer la misma escultura con la intención egoísta de ser reconocido con el paso del tiempo. Aunque con el tiempo ambas esculturas, la producida y la creada, terminen en el mismo lugar, y sean admiradas o repudiadas de la misma manera, no pueden encontrarse ambas al mismo sitio, porque la verdadera obra de arte, según este criterio, es altruista y su fin es la obra por la obra, el arte por el arte (*ars gratia artis*), siendo así un fin en sí mismo.

El verdadero artista creador y altruista no tiene ego y, por tanto, el arte que originalmente es altruista, haya sido absorbido por los repertorios o se encuentre aún libre en lo disposicional, ha de ser un regalo para el mundo. Sin embargo, al realizar la obra ha de impregnarla de sus vivencias y experiencias, y esto puede entenderse como egoísmo, al fin y al cabo, y en cierto modo lo es, pero solo durante la producción de la obra. No se puede realizar una obra si el autor no pone algo de sí en ella.

En definitiva, cuando es una intención altruista la que mueve al artista, en creación o replicación, es decir, en términos de *poíēsis* disposicional o de *poíēsis* repertorial, el artista envuelve toda la obra durante su producción para ser cedida al mundo posteriormente. Estas disposiciones e intenciones son las que dan cuenta de aquellas producciones que un ser humano realiza sin más fin que las producciones mismas. Precisamente la actitud altruista, aunque lo haga dentro de un marco *antipoiētico* o de *poíēsis* inerte es decisivo para que su obra sea un fin en sí mismo.

Si descontamos al resto de la humanidad, un solo individuo no puede ser altruista porque no hay nadie que se pueda beneficiar de su *poíēsis* salvo él. Cuando la obra está terminada y el autor se desprende de ella, todo cambia y la obra se entrega con altruismo al mundo para comunicarse con el espectador en nombre del autor, y en términos de autorrepresentación por parte del espectador, pero durante el proceso de creación artística, solo existe el autor y nadie más. Sin embargo, las intenciones artísticas no han de ser aquellos preludios para otros fines mayores si la producción de la obra sigue una intención puramente altruista. Si la obra de arte ha de ser un fin en sí mismo, no puede ser un medio. Cuando esto ocurre el autor solitario no es altruista por tratarse de un sistema aislado, pero tampoco egoísta por no utilizar su obra para otros fines. Es de una naturaleza, en todo caso, no-egoísta, aunque no necesariamente altruista.

Un autor o artesano cede sus vivencias al mundo, y precisamente por eso hace falta que exista un mundo que la reciba. No existe altruismo si no hay un «otro» que pueda recibirlo, solo sería un no-egoísmo, que no es lo mismo.

1.5 OBRA, AUTOR Y ESPECTADOR

Cuando el artista crea o el artesano replica, si lo hacen por altruismo, lo hacen con el único fin de arte en sí mismo. En todo caso, por ser altruista su intención, como mucho, esperan legar la obra a la humanidad. Pero en el momento de creación, cuando el artista trata de imprimir sus sensibilidades en la obra, impregnando de belleza, generando lo bello según su criterio personal, precisamente por ser una cuestión carente de ego, no puede verse como una relación entre el artesano y su obra. El artista dialoga consigo mismo, elige de manera consciente o no algo de sí que quiera compartir que viene de sus vivencias propias, y lo exterioriza de manera material, dándole una forma (la falta de forma típica es también una forma en sí misma) con la que se ve autorrealizado.

El espectador, por el contrario, no ve al artista en la obra. Una pieza que despierta las sensibilidades del observador, lo hace porque él se autorrepresenta con ella, y esta viene dada por las propias vivencias del espectador, que influyen y son influidas por sus disposiciones sensibles. Es cierto que es la obra de arte la que actúa como vínculo entre autor y espectador, pero dado que el artista de que hablamos es puramente altruista, una vez la pieza es regalada al mundo, el artista se hace a un lado y ya no forma parte de la ecuación.

Las vivencias del creador son impregnadas en la obra, pero no son las mismas que recibe el espectador porque las vivencias de ambos son diferentes, por lo que la autorrepresentación que percibe el espectador no tiene, necesariamente, que ser la misma con las que el autor confirió la forma de su obra. Por esto la relación autor-espectador no existe, solo la relación del autor consigo mismo impregnando la obra, pero sí la del espectador con la obra al verse reflejado en ella, que no es lo mismo que ver al autor en ella ni un diálogo entre autor y espectador. Así, la producción de la obra es una relación solo consigo mismo que se traduce en las acciones que dan forma a la obra, pero que existen *a priori*, antes de la forma, y por lo tanto independientes a esta, pese a que esta forma se esculpa de esa relación con uno mismo. La del espectador es una relación también consigo mismo a través de las impresiones de forma de la obra (sujeto-obra-sujeto, mismo sujeto que es espectador). El autor, por tanto, desaparece de la ecuación una vez la obra ha sido finalizada, ya que si todavía se mantuviese presente indicaría una intención de egoísmo, esperando otro fin mayor (para él) de lo que la obra de arte es en sí misma o, en otras palabras, ha utilizado la obra como un medio y no como un fin.

Se han utilizado los términos «artista» y «artesano» de manera indistinta, y así seguirá siendo, pero hace falta matizar. El artista es referido comúnmente a aquel que cultiva alguna de las bellas artes, entendiéndose estas como las tradicionalmente estipuladas, pese a que tal atribución depende de muchos factores e incluso es variante a lo largo del tiempo. El artesano es aquel que realiza una obra mediante un oficio meramente mecánico (Real Academia Española 2014).

1.6 RELACIÓN UNÍVOCA ENTRE *POĪESIS* Y CATARSIS

El artesano produce de manera *poiētica* y el espectador vivencia la obra de forma catártica. La catarsis es requerida para comprender la obra individualmente, y para aquel espectador que la vivencie sí será una obra de arte, pero no se da sin que el espectador antes se dedique a una atenta observación de la obra, es la contemplación, y esta exige un conocimiento previo. Esto lo convierte en más que un espectador, en uno contemplativo, que además de sus sensibilidades educadas, tiene unos conocimientos de la producción también formados, es decir, ha de ser poseedor una *espistēmē* experimentada adiestrada y según sea su rango de conocimiento, más susceptible es de verse en la pieza.

Si solamente nos dejamos llevar por lo catártico para discriminar lo que es arte de lo que no, una producción, sea cual sea, puede ser interpretada como artística independientemente del autor o de los medios empleados para crearla, y esto la torna insensible a la *poíēsis* con la que el autor impregna su obra, e indiferente al mismo autor. Hemos declarado que el autor y el espectador son independientes y no se relacionan entre sí, y que la visión de la obra por parte de un espectador no busca al autor, sino que encuentra, cuando sucede la catarsis, una autorrepresentación. Esta puede darse en todo momento de la vida y con cualquier ente, pero eso no lo convierte en artístico *per se*. El autor altruista regala su obra al mundo y desaparece de la ecuación artística, pero su trabajo queda impreso en la obra en sí. Cuando un espectador siente la catarsis se vuelve uno con la obra, y aunque el autor ya no existe, se intuye una imagen de él por parte del espectador contemplativo, que no es más que una autoproyección del espectador camuflada de un desconocido autor imaginario. Es por esto que el espectador se encuentra a sí mismo por medio de la obra en la que no influye directamente el artesano.

Dicho esto, lo que hace que un objeto pueda ser visto como obra de arte por unos y no por otros es la catarsis del espectador, pero como esta depende solo de las vivencias de este, puede surgir que algo que inicialmente no haya sido traído al mundo con la intención *poiētico* de un artista, un espectador lo interprete, por autorrepresentación, como una obra de arte.

1.7 ¿ES POSIBLE EL «ARTE» CON INTENCIÓN EGOÍSTA?

Desde siempre, en sociedades fundadas en el mercado, todo se ha comercializado y lo perteneciente al mundo artístico no es una excepción. Si mantenemos nuestra tesis de que cualquier *cosa* puede ser arte, aunque no se halle dentro de las categorías artísticas establecidas, y si vivimos en un mundo mercantilizado, debemos aceptar la posibilidad de que exista un arte dentro de la intención egoísta. Esto convierte al arte en un medio, como hemos venido diciendo, y por tanto puede desvirtuarse.

La labor de un artista de querer vivir del arte hace que deba ajustarse a repertorios, pero los artistas que recordamos a través de la historia son justo aquellos que, conformando un repertorio hoy, en su día solo se movieron dentro de lo disposicional. Esto nos indica que lo bello en el presente es lo aceptado y establecido, pero mirando al pasado lo que nos impacta es lo que quiebra los estándares, lo polémico y controvertido. Esto se puede comprender añadiendo, tanto al artista en el presente como al espectador, la componente de cobardía. Es cierto que hace falta una actitud heroica. Sin ella se carece de la voluntad para experimentar, para dejarse llevar por las disposiciones y sentimientos quedándose siempre en un repertorio de *poíēsis* inerte. La necesidad de un artista —y de cualquier otra persona— por vivir en este mundo requiere adaptarse a un esquema social que pide no ser disposicional sino práctico.

Pero tenemos que ser claros a la hora de definir los términos sobre los cuales discutimos, y «arte» no es uno bien definido, es demasiado subjetivo y por tanto toda definición se realiza en términos de otras palabras abstractas. Sin querer introducir una definición absoluta, lo que sí podemos hacer es indicar qué es inherente al arte, y esto es la creatividad. Por lo dicho, el modo de producción creativo es la *poíēsis*, y sin ello no hay arte.

Por esto, una producción generada por una actitud egoísta que lleva al autor a producir regido por estudios de mercado y, por tanto, sin poner nada de sí de manera *antipoiētico*, replicando lo que más beneficio dé, sin buscar el fin en la misma producción, sino como medio, y dentro de un repertorio específico sin poner en juego sus disposiciones, esto es, con un carácter innatural, no podemos calificar tal producción como artística, sino como *técnico*.

Esto no quiere decir que no pueda existir arte dentro de lo repertorial. Sí que puede, pero siempre que el autor no se contamine y se transforme en un producto comercializable. Dentro del repertorio, si la naturaleza del artista es tal que sus disposiciones coinciden con las repertoriales, aunque lo hayamos calificado de innatural dada la contraposición a la necesidad del ser humano por explorar e innovar, esto es, a crear (creatividad, *poíēsis*), y mientras su carácter sea altruista, sigue siendo arte. Si el artista se moviese de forma innatural, mientras lo haga de forma altruista, sigue pudiendo ser clasificado de artístico, sea cual sea el ámbito en el que opere.

Así pues, aunque no podemos dar una definición de «arte» propiamente dicha, sí podemos definir este arte tan puro que lleva al ser humano a mejorar, innovar, en definitiva, a crear buscando un fin en su propia obra sin pedir nada a cambio. Esto es lo que entendemos como **arte**. Y, por tanto, comprendemos como **artista** a aquel individuo que lleva a cabo dicho *arte*.

2

NÓSTOS & LUDOS

2.1 NÓSTOS

A través de la vivencia se conecta el espectador con la obra, como dijimos, en un período reflexivo, un diálogo sujeto-objeto-sujeto. Esa vivencia es un conjunto de experiencias que se presentan en la forma de un entendimiento sobre lo que nos rodea, lo que confiere realmente el sentido. La obra cobra significado porque es el espectador el que la ve, y el espectador se deja transformar por lo que la obra le devuelve, el reflejo de sí mismo desde un punto de vista externo. Dicho de otra forma, la obra permite que el espectador tenga la posibilidad de experimentar su vida desde una perspectiva más ajena a sí mismo, viéndose desde fuera, utilizando la subjetividad para obtener un significado que, sin perder esa cualidad, está disfrazado de objetivo, y por ello, se atribuye tal experimentación a la obra cuando en realidad todo ocurre en, desde y para el espectador mismo.

La vivencia no es solo un conjunto de imágenes o experiencias inertes. Están asociadas a emociones. Sin emociones no se entiende el *arte*; ni el *artista* puede ser sin esta cualidad porque es un pilar fundamental del proceso *poiētico*. Cuando se arroja la mirada al pasado, en nuestra personal concepción del tiempo, se reviven esas emociones que, en lugar de contemplarlas como protagonistas del recuerdo, las percibimos como una consecuencia del mismo, cuando lo más probable es que guardemos ese recuerdo precisamente por el valor de la emoción de aquel momento.

El tiempo se percibe como lineal en todas las ocasiones. Incluso aquellos con una percepción cíclica del mismo lo observan como una sucesión de eventos donde el evento final coincide con el inicial, pero para cualquier segmento de ese ciclo lo que se obtiene es un fragmento lineal de tiempo. La linealidad temporal es extrapolada a los recuerdos para dotarla de un marco referencial añadiendo una relación de orden a los eventos de nuestras vidas, pero el espectador las vivencia todas simultáneamente porque son todas ellas a la vez las que hacen que ese individuo contemplativo sea único.

Nostalgia

«Nostalgia»: del griego *nóstos* (viaje) y *algía* (dolor), es la pena de verse ausente de la patria [o de los deudos o amigos] (Real Academia Española 2014), y en efecto lo es, si definimos como patria aquel «hogar» que hay en nuestros recuerdos, y no hay hogar mayor que el que nos ofrece la seguridad y cobijo de nuestra memoria, que define y confiere nuestra identidad. Nadie es quien es sin su pasado.

En el acto de vivenciar, uno se retrotrae a aquel tiempo guardado con tanto cariño, algunas veces olvidado por falta acceso, pero sin duda vigente e indestructible o de efectos inquebrantables. Aunque se borrare de nuestra mente, nos ha transformado del mismo modo que una obra a un espectador, porque cuando se rememora, las memorias son obra y nosotros espectadores de ellas. Una obra no es nostálgica, lo es el recuerdo que evoca. Este recuerdo no requiere de una obra para ser traído de vuelta a la superficie para ser revivido, pero es sin duda el efecto que crea en el espectador olbigándolo, a veces, incluso a ir más allá y reflexionar sobre el propio recuerdo y sus implicaciones antes que quedarse en él. En el final, todo depende del espectador porque es él quien da sentido al *ars* permitiendo que esta se lo dé a él.

No es necesario redefinir «nostalgia», pero sí introducir el término *nóstos* para matizar con respecto al recuerdo, alejarla de su naturaleza *álgica* y recalcar su aspecto de travesía.

La mímesis es una *fantasía*

El concepto de mímesis está relacionado con la manera en la que los seres humanos vemos el mundo, como espectadores de este. Si creemos que solo lo visible debe ser representado al estilo griego, si suponemos que hay más perfección —y por ende más «bello»— en el invisible, o si creemos que los valores de las representaciones materiales son inferiores a las espirituales (Tatarkiewicz 2015), en cualquier caso, se trata de la figuración que los espectadores del mundo tienen sobre el mismo. Cuando uno de estos espectadores adquiere inspiración en la naturaleza para convertirse en artista, elige la representación adecuada de acuerdo con los materiales, técnicas y conocimientos (*espistēmē*) de los que se dispone para *imitar* su mundo. Este no es fijo e igual para todos. La concepción que cada uno tiene de él está dada por el *nóstos* que le ha producido al artista en su papel de espectador. Esto nos obliga a ver el universo que nos rodea como una obra, quizá la «obra natural». Es por esto precisamente que nos hemos referido como espectador a los que la contemplan.

La diferencia primordial radica en que, estando inmersos ya en un mundo *natural*, no lo tomamos como ajeno ni nos sorprende más allá de su propio significado: ya está ahí, para ser contemplado. El *nóstos* que produce, entonces, se considera ya una parte fundamental intrínseca a la humanidad inherente al propio espectador. Así, la Naturaleza no tiene parangón y no puede simularse, puesto que, aunque lleguemos a realizar la mayor de las simulaciones, tan perfecta y precisa que fuese indistinguible de la real; o la confundimos con la original y todo nuestro *nóstos* y catarsis son genuinos, o solo por el hecho de saber que se trata de una copia, estos efectos estarán cargados de una componente de rechazo, por mínima que sea, debido a la falta de originalidad.

En cuanto al arte, como obra (de un artista), y siendo la naturaleza el referente único del propio artista, no podemos negar la clásica tesis aristotélica: «El arte imita la naturaleza» (Ar. Phs., II, 4). Siendo irónico que fuese Aristóteles quien puso de moda el concepto de *imitatio* en el Renacimiento como parte de su *Poética* viniendo él de un mundo griego con unos conceptos de *arte* y *artista* escasos, por no decir nulos. Es claro entonces comprender por qué en la Grecia clásica se valoraba más el mundo visible como más perfecto entendiendo que la mente no puede ver más de aquello que existe.

Un enfoque parecido vino de la mano de Sarbiewski, en el que nos decía que la naturaleza debería imitarse no solo como es, sino como debería ser. Pero ese «debería ser» es un tanto errático. Cada espectador tiene su propia visión del mundo, basada en sus interpretaciones y (auto)representaciones. Por no decir que si un artista se ve en la autoridad de decirle a la naturaleza cómo ha de ser, un espectador cualquiera podrá sentirse en disposición de indicarle a un artista cómo debería haber realizado su obra. Y si un artista (o un espectador) sabe cómo debería ser esta naturaleza, entonces está implicando que esta tiene fallos y deben ser corregidos antes de iniciar la obra. ¿En qué momento el espectador está en la disposición de corregir la obra? Además, si se consiguiesen «corregir» sus defectos para que esta fuese como debería ser, entonces la obra sería más perfecta que el modelo, como sostenía Ficino.

Una imitación jamás puede ser idéntica al modelo salvo que la propia obra sea idéntica en todas las cualidades posibles y existentes que por su propio peso rompen la línea que hay entre obra y modelo llevando la primera a la categoría del segundo. Por esto la mímesis no existe *per se*. Existe la imitación, la representación, la obra en sí, que en sí misma es un *factible*.

La mímesis como tal es un concepto utópico. Pero si esta se entiende en el orden de lo *factible* y como sinónimo absoluto de «imitación imperfecta», entonces tenemos que concluir que se trata del punto en común de toda obra, aunque no exclusiva de ellas, pues también lo es de toda *téchnē*. En términos renacentistas del cuatrocientos se confunde la imitación con el estudio, pero eso sería indicar que la mímesis es un tipo de *espistēmē* que, aunque la requiere, no incluye su vertiente *poiētico*.

El *arte* no depende de la naturaleza. Esta solo es el marco sobre el que la realidad toma la forma que el artista quiere replicar. Pero desde el nacimiento del vanguardismo, lo que no es real también puede hacerse real en una obra. Entonces, no es la naturaleza ni es la realidad el lugar sobre el que se asienta el arte. La mímesis no lo es de ninguno de esos dos aspectos, sino que se trata de una representación de la imaginación, que en ocasiones coincide con la realidad, otras veces con versiones distorsionadas de la misma.

Los espectadores forman imágenes mentales, son sus *fantasmas*, término usado en el sentido griego clásico de «imagen; de la imaginación». Esta composición mental del artista en su mente que confiere la forma a su obra a partir de sus *fantasmas* es su *fantasía*. Cada *fantasma* y cada recuerdo tienen lugar en las mentes de espectadores (puros o momentáneos tras la transformación de un espectador a artista y viceversa en ese ciclo infinito). Estas dos cualidades mentales no son idénticas ni tienen la misma función. Mientras una imagen mental evoca un *nóstos* en un espectador, el *fantasma* evoca una forma en la mente del artista.

Como la visión de la naturaleza es diferente para cada espectador —y un artista es espectador de esta—, es fácil ver que cuando este la representa, no lo hace imitándola, sino imitando la visión que él mismo tiene en su *fantasía*, removida incontables veces a causa de cada uno de los *nostoi* que ha sentido, de cada episodio catártico.

La *fantasía*, el lugar donde el espectador crea sus imágenes —sus *fantasmas*—, a partir de sus recuerdos, experiencias, que muchas veces son sacados a la superficie por obra, otras veces creados por ellas. Cuando la mímesis es de la realidad (es decir, cuando se trata de una representación de la *fantasía* de un espectador heroico que ha decidido ser artista), se engloba dentro de lo que el repertorio llama realismo. Los repertorios no son sino categorías de la *fantasía*. Esto puede verse como aterrador si nos damos cuenta que han sido los repertorios los que han definido épocas y marcado períodos, definido culturas y movimientos sociales, y todo ello en base a una categorización de la *fantasía* de los artistas. Por otro lado, pueden comprenderse los períodos de transición como aquellos donde los héroes se levantaron en contra de los repertorios establecidos para mostrar sus magnas obras que lograron cambiar el mundo. En cualquier caso, son actividades internas y por tanto subjetivas, vivenciales, las que conforman las esencias de espectadores y configuran sus naturalezas a aquellos que deciden ser artistas, los que con sus *fantasmas* dan forma a sus obras. Y estas, son las que estigmatizan a nuevos espectadores de nuevo en un ciclo imparable e infinito a través de un *nóstos*.

Héroes

La actitud heroica es la que mantiene un artista cuando este es fiel a su esencia. Recordemos que su naturaleza puede ser tal que le mantenga dentro de los parámetros repertoriales moviéndose según la *poíēsis* inerte replicando estilos ya aceptados, que denominamos como antinatural; o sobreponiéndose a lo establecido por *poíēsis* viva superando la aculturación y siguiendo sus disposiciones, siendo así su naturaleza puramente natural.

Hace falta precisar quién es realmente el sujeto último en cuanto a la producción *poiētica*. En el modo de *poíēsis* viva, es el artista quien sigue su naturaleza dejándose llevar por una creatividad innovadora. En el de *poíēsis* inerte, es el repertorio el que acota los límites de la creatividad impidiendo que esta se desarrolle disposicionalmente, es decir, es el repertorio el regidor de ese modo y no el artista mismo. Es por esto que es imposible disponer de una actitud heroica si uno se mantiene en lo repertorial. Son aquellos artistas que siguen su naturaleza los que están en disposición de convertirse en héroes. Con esto, definimos como héroe al artista que crea arte solamente mediante *poíēsis* viva.

El héroe, al seguir sus disposiciones, se mueve siguiendo su dinamismo. La falta de esto es lo que le impide al espectador convertirse en artista. Cuando el espectador vence sus miedos y sigue sus disposiciones, cuando su instinto se torna dinámico y comienza a crear por *poíēsis* viva, entonces se desdobla dejando de observar contemplativamente para convertirse en autor. Este instinto es la cuestión «vocacional», lo que nos puede llamar a ser artistas gracias a ese desdoblamiento, ese quiasmo mediante el cual «así podemos desear ser poetas, músicos o pintores, sintiendo que cuando lo somos, nos convertimos, así sea por un rato, en lo que Lukács llamaba "hombres enteramente"» (Claramonte 2016). De esta manera, entendemos por dinamismo como aquella cualidad de un espectador que lo lleva a ser un artista, o la de un artista para que este se mantenga como tal.

2.2 LUDOS

El juego es principalmente un entretenimiento, un elemento de ocio. Lo que el juego busca inicialmente es, mediante un conjunto de reglas, entretener. Podemos decir, entonces, que su principal meta es el júbilo, disfrute, pasatiempo u ocio. Pero esta es solo una etapa primordial en su concepción, y que con el perfeccionamiento se alcanzan otras cotas. Un juego se define mediante su *ludos*, y este puede hacer referencia tanto al fin de un mismo juego como a todo lo que lo define dentro del entorno que este es o define nomológicamente, donde en estas leyes propias que hacen que tal juego sea tal, quedan explicitados los estados que lo conforman.

Con la primera acepción se define la siguiente máxima: un juego pretende ser una obra de arte y como esta requiere de un espectador, sus metas secundarias deben ser tales que apelen a dicho espectador.

Si el *ludos* de un juego tiene un *nóstos*, entonces se puede considerar un caso particular de *arte* porque al haber contemplación existe espectador. Si una obra existe en tanto que existe un espectador, ¿cuándo un juego coincide con una obra? La respuesta, en base a todo lo anterior, es clara, cuando el *ludos* de un juego genere una catarsis en el último proceso del mismo. Este proceso llega a un fin determinado por las reglas del juego que marcan sus estados de éxito y fracaso. Por esto, un juego es una obra de arte cuando su *ludos* sea catártico. O haciendo referencia al espectador, un juego es una obra de arte cuando existen espectadores contemplativos.

Pero para que esto se dé hace falta determinar un estado inicial y uno final. Los juegos de naturaleza interminable no pueden producir catarsis porque no permite que se vaya creando la tensión desde un punto primario para que llegue a término, pues no termina. En su lugar, se regresa a estadios principales que ya han sido visitados, y en caso de que hubiese cierta base para una posible catarsis, esta desaparece al no poder avanzar linealmente, esto es, al no poder crecer o incrementarse. En estos juegos cíclicos, su *ludos*, en lugar de un fin purificador, se encuentra con uno de carácter frustrante, dado en dos etapas, la de crecimiento a lo que parece ser una catarsis que nunca se llega a alcanzar, y su retroceso al estado inicial cuando, por su naturaleza de inicial no puede ser catártico. Con estas definiciones, un juego no podría ser considerado una obra de arte si no tiene un estado final. En otras palabras: Para que el *ludos* de un juego sea una obra de arte, este requiere determinismo lineal, es decir, estados inicial y final bien definidos.

Cuando el *ludos* es catártico el juego es una obra artística, y por tanto debemos verlo dentro del marco del arte como tal. Un juego puede ser arte, pero no todo arte es juego. La diferencia que existe entre juego y arte radica en la existencia o inexistencia de *ludos*. Es decir, la obra que, aparte de apelar a un espectador disponga de *ludos*, es también un juego. Al mismo tiempo tenemos que añadir a la definición de juego algo que tienen en común todos los juegos, y es su actividad. Los juegos pasivos no existen porque serían «juegos sin jugador», lo que imposible por la propia definición.

2.3 ROLES DE JUGADOR

Un videojuego, debido a su naturaleza contemporánea tan interligada a la narrativa, está dirigido a diferentes audiencias y, por lo tanto, estas viven el *ludos* de una manera diferente. Cuando un creador decide contar una historia en la que para avanzar sea necesaria cierta ejecución de acciones, entra un equilibrio entre el espectador de la trama y el percutor que la hace avanzar.

Llamamos **jugador-percutor** a aquel que realiza tales acciones haciendo interactuar a los personajes con su entorno, moviéndose, luchando contra las desavenencias y contrariedades que se le presentan, ya sean de su misma naturaleza como otros personajes en forma de enemigos, o siendo elementos intrínsecos a su mundo como la gravedad o el tiempo. Este jugador es el clásico que nació ya desde los primeros videojuegos donde, mediante acciones en el mundo físico y tangible, presionaba los botones en las combinaciones requeridas para que el protagonista pudiese seguir con el camino marcado.

Pero desde el surgimiento de modernas tecnologías y las ansias de contar historias cada vez más complejas con una narrativa, sin duda, heredada de los patrones cinematográficos, los escenarios comenzaron a cobrar más vida que antes, a veces incluso, más que los mismos personajes. Existen videojuegos que hacen radicar el germen de su *ludos* en la complacencia visual más que en la percutora. Es aquí cuando nace el **jugador-espectador**, esto es, un espectador contemplativo del juego, pese a que su original motivo de existencia fuese el juego. Como un videojuego precisa de cierta acción porque todo juego es activo, la contemplación de grandes escenarios, que imitan a la realidad en muchos casos, es una actividad pasiva que debe complementarse con otros roles. Videojuego como *Journey* (2012) son un ejemplo claro de ello. La interacción del jugador con los elementos del entorno son una excusa para contar una historia que sucede como trasfondo que justifica en mayor o menor medida el universo que se le muestra al espectador. Son los videojuegos en donde se puede apartar el jugador de la partida para dejarse llevar por la simulación y quedarse absorto viendo una puesta de sol virtual al lado de una playa ficticia. Cuando el jugador-espectador contempla el mundo ofrecido, sufre su *nóstos* y el juego deja de ser tal para convertirse en una obra de arte a sus ojos, que potencialmente le transforma.

Figura 2.1. *Journey* (2012), convirtiendo un desierto de arena en un bello espectáculo dirigido al jugador-espectador.

Si los aspectos narrativos tienen una gran carga y los personajes que puede manejar están bien desarrollados, entonces el jugador interpreta con ellos. Se vuelve un **jugador-actor** de ese mundo, inmerso en la trama que contempla, esta vez, como espectador activo, sintiendo lo mismo que siente su personaje y, si es posible dada la naturaleza del videojuego, impregnando a este ser ficticio de sus motivaciones también. En juegos donde la personalidad de los personajes no está definida, el jugador puede ir al mundo de ficción a través del avatar de su protagonista. Siente y sufre con él, o le confiere nuevas emociones a los personajes en un diálogo emocional.

Con la aparición de plataformas de retransmisión donde los jugadores son a la vez jugadores y anfitriones del contenido que emiten, un nuevo tipo de rol surgió. Las audiencias de estos presentadores activos dejan a un lado su actividad y disfrutan de un nuevo *ludos*, el de ver experimentar a un tercero la catarsis tras la conclusión argumental, que resuelve todas las tensiones que ha generado la trama en el transcurso de la partida. Este **jugador-audiencia** es un jugador pasivo. El juego, como hemos dicho, requiere actividad, y esta se ejecuta de la mano de una sola persona, que es quien tiene los controles. Pero las decisiones que toma, las elecciones que se le presentan en forma de bifurcaciones dramáticas, son modificadas por su audiencia que, en ocasiones, dirigen los actos del jugador-percutor, con las riendas del personaje, haciendo suya la partida.

Así, podemos comprender ese tipo de actividad como un juego colectivo donde un grupo de personas, en cuanto se le presenta la oportunidad, crea un nuevo *ludos* que se superpone al que ya estaba definido por el videojuego original.

Pero el rol de jugador-percutor no se limita solamente a presionar teclas. Cuando la narrativa dispone de un papel tan importante como ahora, su percusión hace avanzar el argumento, y hay muchos juegos, como las clásicas y no tan clásicas aventuras gráficas, donde la historia autónoma no depende del jugador, sino de la correcta percusión. Es el **neo-jugador-percutor**, no tan inmerso en el concierto dramático como para llegar a ser jugador-actor y, por tanto, parte inherente a él; ni tan desinteresado de los designios argumentales como para solo ser un jugador-percutor. En este tipo de juegos, la audiencia a la que está dirigido disfruta también de la historia, pero requiere de la interacción directa para que esta pueda tener lugar y modificar sus estados. Videojuegos musicales con carga argumental donde es necesaria la coordinación física del jugador son un ejemplo de esto.

Estos roles coexisten cada vez más. Aunque predomine un sobre el resto, y aunque los videojuegos dirigidos al jugador-actor principalmente tengan —o exijan— grandes cantidades de jugador-espectador, el rol más primitivo, que es el de jugador-percutor, pervive siempre. El jugador decide según sus disposiciones y sensibilidades qué rol llevar a cabo en cada momento, siempre en sincronía con el *ludos* que el jugador percibe, que suele ser aquel que el equipo desarrollador tuvo en mente en la concepción del programa.

El jugador-espectador es el rol que cada vez llega con más fuerza, sobre todo desde el auge de los videojuegos independientes, vinculados a la estética que viene dada de manera puramente visual en formas realistas, como grandes paisajes simulando la realidad, como en las cada vez más realistas entregas de *The Elder Scrolls* o *GTA*; de manera más abstracta como *Fract OSC* (2014); o en otras formas menos visuales y más narrativas.

2.4 INTERACCIÓN ENTRE ESPECTADOR Y JUEGO COMO OBRA DE ARTE

Un juego se define con su conjunto de normas deterministas de un juego que exponen su lógica, así como la totalidad de estados que este tiene, discerniendo entre los de éxito y fracaso. Eso implica que, aparte de las reglas propiamente dichas, incluye todos sus estados inicial, final(es) e intermedio(s) si existe(n). Todo esto conforma su «espacio lógico». Pero los juegos, si son concebidos como obra artística, están destinados a un espectador, y según qué tipo de juego, se trata de hallar a uno que cumpla con un rol diferente. Pues ya no es solo la contemplación lo que importa, sino que, dado el carácter activo de un juego, hace falta ver en qué forma interaccionan espectador y juego (como obra). El juego requiere una interacción activa del espectador más allá de la contemplativa. Y esta actividad es la que define al juego en función del rol que el jugador (espectador de esta obra) esté ejerciendo.

Espectador como jugador-espectador

En los juegos dirigidos al jugador-espectador, el *ludos* se basa en conseguir un estado que permita proseguir con la trama. O lo que es lo mismo, los juegos dedicados al jugador-espectador precisan de narrativa.

Espectador como jugador-percutor

En los juegos dirigidos al jugador-percutor, el *ludos* radica en la habilidad requerida para alcanzar los sucesivos estados de éxito.

Espectador como jugador-actor

En los juegos dirigidos al jugador-actor, el *ludos* se basa en la inmersión directa del espectador en los dominios del juego y formar parte de él.

* * *

Un juego requiere de varios elementos implícitos en su definición: reglas, y estados de éxito y fracaso. Sin las normas que definen su comportamiento no se determina qué está bien o qué está mal, y sin ello no se puede emitir una valoración o juicio que derive en los estados. El hecho de «ganar» una partida —siendo esta una instancia particular de un juego— conlleva el acuerdo con las normas durante el transcurso de acciones que se toman para alcanzar el estado de éxito.

Los videojuegos comenzaron siendo versiones electrónicas de juegos de tablero y deportivos, quizá no visualmente, pero sí esencialmente. Mucho antes de disponer de los medios, ya Alan Turing relacionó los conceptos de inteligencia artificial y ajedrez, y a finales de los años cuarenta dejó las especificaciones de cómo debía hacerse. Entre los cincuenta y los setenta hubo muchos experimentos, sobre todo en universidades, que dieron lugar a los videojuegos tal y como los conocemos. Juegos como *Pong* (1972) trataban de simular una partida de tenis, y poco después la imaginación fue dando forma a otros mundos y realidades como las que *Space Invaders* (1978) y *Asteroids* (1979) reflejaban. Con la llegada de las computadoras personales, los primeros juegos que con estas se acompañaban eran *Reversi* para Microsoft Windows 1.0 (1985) y en 1990 ya se había sustituido por el archiconocido *Solitario*.

Está claro que el *ludos* de esos videojuegos no se distingue del de los juegos analógicos, y podemos decir también que cuanto mayor es esta similitud, menos es la componente narrativa. Es ahí donde está la clave, ya que en cuanto esta forma parte de la esencia del juego, el interés radica más sobre la continuidad argumental antes que los estados de ganar o perder.

Podemos intentar redefinir, pues, el estado de éxito como aquel que se asocia con la obtención de más argumento. En sucesivos capítulos, al explorar los factores que rodean al concepto de juego, nos pararemos en casos de ejemplo a estudiar. Los videojuegos han recibido una excepcional herencia cinematográfica que se fue adhiriendo gradualmente según se expandía y permitía la tecnología. Inicialmente fueron pequeñas secuencias previas al comienzo de la partida que aportaban información a modo de narración argumental, ahora parte del videojuego. Después como secuencias entre actos, lo que ya implicaba una estructura literaria más compleja hasta que finalmente todo el videojuego derivó en una gigantesca secuencia cinematográfica que algunos están comenzando a denominar «películas interactivas».

Tenemos dos opciones: o bien nos atenemos a los conceptos de éxito y fracaso tradicionales presentes en la definición del juego, y por tanto estas nuevas aventuras interactivas contemporáneas no serían «juegos» en sí, y habría que buscar una nueva terminología, o al menos retirar el lema «juego» del término «videojuego»; o tenemos que redefinir los estados de éxito y fracaso, y adaptarlos al nuevo producto. El estado de ganar o perder es entonces relativo. Se consideraría ganancia al avance en la trama y pérdida o no-ganancia a lo contrario, al estado estático. No obstante, el riesgo asociado al juego se pierde igualmente, ya que el avance es cuestión única del tiempo que el jugador involucre en la búsqueda de soluciones. Si el riesgo es un fundamento esencial en un juego, ¿podemos hablar entonces de juegos a aquellos tan volcados en la trama que olvidan el riesgo de la partida? En esencia sí, pues el riesgo no tiene que ser considerado siempre de la manera tradicional. En el caso de un videojuego de aventuras donde el protagonista no puede sufrir ningún daño ni perjuicio, entiéndanse muchas de las aventuras gráficas que existen, el riesgo sigue existiendo en la mente del jugador. Al no conocer el desarrollo argumental, lo que su mente procese en el tiempo de juego, incluso sin pretender encontrar las soluciones a los puzles que se le presentan, es capaz de generar la ilusión de riesgo. Y como todo *arte* sucede en la mente de un espectador, el riesgo, la ganancia y la pérdida bien pueden también formar parte de ella.

El *ludos* es diferente porque el ahora disfrute proviene de la contemplación, como en cualquier obra. Decir que un videojuego es una obra artística implica dejar patente su relación con el *arte*. Decir que es contemplativo, reafirmar el *nóstos* que produce; y esto convierte a los jugadores en algo más, en espectadores contemplativos. Al haber definido un juego en términos de *arte*, requiere de un *artista*, que en este caso sería el desarrollador, el productor que actúa creativamente y no solo replicando, el autor-programador.

En conclusión, si un juego requiere de *ludos* para ser juego, y una obra requiere de un espectador que sufra el *nóstos* para ser obra, entendemos un juego como aquel cuyo *ludos* sea catártico.

3

SOCIEDAD Y ECONOMÍA

Desde un punto de vista idealista, podemos clasificar, en virtud de la intención, a los *artistas* propiamente dichos, como aquellos que son puramente altruistas, que conciben su obra y se desprenden de ella únicamente por «amor al arte». Pero como decimos, es idealista porque la realidad es mucho más cruda. El sistema de vida que tenemos obliga —o incita o requiere— a convertir el trabajo en una moneda de cambio por bienes, y esto puede llevar al surgimiento de unos productores que se hacen llamar a sí mismos «artistas» y que son vistos a ojos de la sociedad como tales, sin que lo sean realmente, pues estos se mueven mediante una actitud egoísta. Al producir de esta forma, no son capaces de desprenderse de su obra pues esta es un medio para un fin en lugar de ser un fin en sí mismo.

Esto no excluye a los auténticos artistas altruistas de la posibilidad de vivir de su obra. Dada la naturaleza económica del mundo en el que nos encontramos no queda más remedio que la remuneración a cambio del desempeño de un trabajo o esfuerzo. Y es eso lo que se remunera: el trabajo de producción de la obra, el tiempo invertido en producirla, el proceso de realización (hacer real), la conversión de *idea* en *forma*; pero nunca la obra en sí: eso es un regalo para el mundo. En el mundo consumista contemporáneo se puede identificar el puro ámbito mercantil —mercadotécnico— si una producción está asociada a una intención egoísta como si de un producto cualquiera se tratase, aunque sea natural o antinatural, según la terminología previa. Por definiciones, una creación *poiētico* (viva o inerte), al estar sujeta a las sensibilidades, difícilmente pueda verse arrastrado por un cariz egoísta una vez la pieza está terminada, al menos al principio, cuando se presentan esas disposiciones y se vuelven conocidas en ese limbo existente antes de ser aceptadas en el repertorio, pero extendidas y ya conocidas por todos.

Es entonces cuando tenemos que diferenciar, ahora sí, entre una producción *técnica* replicadora y una de tipo *poiētico*. Si la obra no es un fin en sí mismo por lo dicho anteriormente, es egoísmo, y el artista deja de ser tal, puesto que su fin ya no es producir de forma creativa (*poiētica*), y se convierte en mercadotécnico, un proveedor de bienes para sí mismo.

El mundo requiere adaptarse a un sistema y el nuestro es del tipo económico, y por tanto, mercantil. La amenaza a lo artístico comienza cuando el productor deja la *poíēsis* y se deja llevar por un carácter regido por una base solo en la *téchnē* para producir obras. Una obra que ha sido diseñada para contentar a un mercado no tiene componente *poiētico* porque carece de creatividad. Solo busca el reconocimiento sin aportar nada nuevo.

Desgraciadamente el mercado está ligado a lo repertorial en su mayor parte. Si ya la carencia de innovación que daba lugar a la replicación podía considerarse como un límite, al eliminar la creatividad de toda producción no nos queda un resultado muy diferente del que realizaría un autómata, una máquina, gobernada por un *software* basado en los estudios de mercado. Este autor egoísta ignora la producción *poiētica* y produce solo de manera *técnica* esperando una compensación y/o reconocimiento. También podemos entender el mercado como la entidad con fines egoístas que distribuye producciones *técnicas* enmascaradas de *poiēticas* en busca de una compensación.

Las ciencias y las artes están constituidas dentro de un marco social y por ello es a la sociología a quien compete, al menos en una parte, estudiar la metodología de su desarrollo. Este estudio entraría dentro de un cuadro multidisciplinar que englobaría tanto a la psicología, política y también la estética, pero también la antropología. La base es que el arte siempre ha sido institucionalizada con el fin de preservarla y transmitirla, al igual que las ciencias, aunque a diferencia de estas, la innovación es inherente al arte y a pesar de no enfatizarla en los contenidos epistemológicos a ser transmitidos, especialmente desde el siglo XX, no se tiene como algo ajeno.

No se puede aislar una idea objetivamente, ni las vivencias de los espectadores o sus opiniones con respecto a una obra, pero sí la *espistēmē* involucrada en su producción, así como su *téchnē*. Estos son las dos partes del conocimiento que se preservan y transmiten. Si las instituciones son públicas, el conocimiento que transmiten también lo es, pero al ser subjetiva la producción, no es carente de otro ámbito privado. Así, podemos decir que el arte, socialmente hablando, se divide en arte público (lo transmitido por las instituciones) y arte privado (lo innovado por el artista). El ámbito público corresponde a lo repertorial y el ámbito privado a lo disposicional. Sin embargo, cuando un artista se desprende de su obra, la hace pública. Estos términos público y privado hacen referencia al ámbito estético, no a los intereses públicos o privados en sí, que pueden ser muy diferentes.

Las mismas instituciones son conscientes de que sin *artista* no hay *arte* y por ello promueven el desarrollo privado, pero este solo puede hacerlo después de su influencia por lo público, que se toma como base, esto es, lo académico, lo repertorial, en esencia, lo institucional. No obstante, como hemos dicho, vivimos en una sociedad consumista que se mueve por intereses propios y que fomenta la actitud egoísta. Este modelo puede tener cientos de virtudes, pero definitivamente no es adecuado para el desarrollo del arte, ya que solo se premia a los que complacen al sistema, *i. e.*, los que disponen de una actitud altruista no son tenidos muy en cuenta.

Hablamos de lo repertorial como lo académico o institucional, pero estos dos adjetivos están asociados con dos entes distintos, pues tienen dos objetos diferentes en su proceder, a saber, la **Academia**, que se encarga de formar a los artistas, o esa es su intención primaria; y el **Antimuseo**[2], referido tanto a grandes galerías como a individuos independientes, y que tiene su punto de mira centrado en los espectadores como medio para conseguir un fin propio. Es una entidad privada que genera productores *técnicos* considerados equivocadamente como artistas, o que deforma obras para introducirlas en el modelo mercadotécnico. La Academia es una institución pública que preserva el repertorio y trata de formar artistas repertoriales y que, idealmente, se encarga de formar y preservar lo «artístico»; el Antimuseo de transmitirlo. Pero tal transmisión no está exenta de un beneficio; no es una transmisión gratuita, sino más bien una venta. No es libre el arte, en lo que al Antimuseo se refiere, porque la transmisión no es el fin último, lo es el beneficio que se obtiene a cambio de la transmisión. Esto es, el Antimuseo tiene como meta la remuneración que, a efectos últimos, repercute sobre un solo individuo. Por ahora solo hemos visto como la transmisión de un objeto idealmente altruista se convierte en «intercambio por un precio», lo que no es extraño en un sistema consumista. La contrariedad con respecto a esto se manifiesta en cuanto la obra ha de ser modificada y alterada para complacer las expectativas de beneficio máximo que puede ofrecer la mercadotecnia. Esto es mutilar una obra o crear obras deformadas para adaptarse al modelo social. El resultado es una «obra falaz», es decir, una producción mercadotécnica tras deformar una obra o tratar una falsa obra para obtener un beneficio de la sociedad produciendo una respuesta en ella.

Así vemos que la meta de la Academia es de carácter altruista dentro de lo repertorial; el del Antimuseo es de carácter egoísta e ignora los ámbitos repertorial o disposicional, pero suele moverse más entre lo disposicional decadente o concluido

2. Utilizo el término «Antimuseo» por oposición a la etimología de *«musēum»* (lugar consagrado a las Musas) con la intención de dar el significado de aquello ajeno al *arte,* como la ausencia de la creatividad; sin la presencia de una sola Musa y opuesto a lo que esta significa, sustituyendo la creatividad por lo mercadotécnico. No es una referencia a la institución consistente en la exposición de objetos de interés cultural.

y lo repertorial incipiente. En otras palabras, lo que más interesa en ese momento. Lo disposicional decadente empieza a ser recogido por la Academia; lo repertorial incipiente también es adquirido por la misma. Hay una delgada línea donde esos dos estadios se confunden. Es por esto que existe un vínculo (involuntario) entre Academia y Antimuseo pues es según el criterio de esta primera institución la que se marcan los ámbitos de movimiento de la segunda. Pero no es la Academia la que fija esos límites, no elige qué y cómo se introduce algo en su repertorio. Eso es una actitud social, una respuesta de aceptación conjunta y colectiva que se va extendiendo culturalmente hasta que, tras un período de tiempo, forma a nuevas generaciones de las cuales algunos miembros formarán parte de una transformada Academia. Y es entonces, cuando los repertorios se expanden. Es en este punto cuando se realiza un acuerdo mutuo entre el artista disposicional por medio de su obra y la Academia.

Esto refleja la relación que existe entre la Academia y la sociedad, pero también la influencia que el Antimuseo ejerce en la misma sociedad. Se genera un ciclo donde alrededor de uno de sus focos todo gira, y ese foco es la mercadotecnia. En efecto, la respuesta social —o la sociedad propiamente dicha, que es quien genera dicha respuesta— se mueve en torno a la mercadotecnia e influye en ella. Después de todo el sistema es socioeconómico, y tan incrustada está la sociedad en la mercadotecnia como a la inversa. Al hablar de mercadotecnia no es referencia a la administración de los bienes, sino a la alteración de la percepción de estos para que puedan parecer más atractivos o más necesarios de lo que son en realidad o, al contrario, ensombrecer o empequeñecer la imagen global de aquellas cuestiones que no formen parte de los intereses del Antimuseo. Esto ocurre en todas las áreas sociales a pesar de que solo se está tratando este asunto en términos artísticos. Cuando se habla de economía se está hablando de aquello que engloba a la mercadotecnia, los intereses que la mueven, lo que la potencia. La hemos definido como el ámbito mercantil y eso incluye a sus técnicas y estrategias.

Como toda entidad social, estas son susceptibles de ser corrompidas. Esto sucede cuando las metas de sus funciones ideales son dispuestas de tal forma que ya no sean metas, sino medios para otros fines egoístas y, sin lugar a dudas, esto ocurre cuando entran en juego ciertos intereses.

Que una actividad se haya institucionalizado implica que existe una entidad social autónoma que opera al margen de los individuos que una vez la formaron. Esto es: *a*) que opera en base a unas normas establecidas aceptadas de forma general entre sus miembros; *b*) las relaciones entre el arte y la sociedad se llevan a cabo mediante mecanismos predefinidos.

3.1 NORMAS INSTITUCIONALES

El arte puede ser producido por un solo individuo siempre que disponga de los recursos para llevarla a cabo, y la expresión artística puede ser ejecutada en base a los conocimientos heredados que son transmitidos académicamente, o independientemente a estos, aunque eso limite las posibilidades de aceptación. De otra forma: se puede producir arte de forma repertorial o disposicional, pero no es admitida si no hay un acuerdo previo entre autor y sociedad.

Por desgracia, puede ocurrir que la Academia no pueda distinguir entre artistas reales y aquellos técnicos y replicadores, que sin serlo se hacen pasar por ellos. Más bien lo contrario, ya que premia a artistas repertoriales y los productores técnicos sin hacer distinción entre ellos, y aparta a los artistas disposicionales.

Somos seres históricos y heredamos conocimientos de las generaciones pasadas. La Academia se encarga de preservarlos, pero parece no querer aprender también de la historia que lo repertorial, antes de ser tal, surgió de lo disposicional. Y esto es normal y lógico, ya que la Academia opera de forma pública, por tanto, no puede salir del repertorio. Es lo disposicional o privado, lo que nace en las disposiciones de un artista, que por ser privado no cabe en lo académico.

La Academia se centra únicamente en lo público, en aquello que puede transmitir y proteger o preservar, y no puede salirse de ahí. Su único error, si se puede señalar uno, es su intención de arremeter contra lo disposicional viéndolo como una amenaza al estado actual en lugar de darse cuenta de la naturaleza del proceso de transformación. En lugar de abrazar lo privado desde la distancia esperando a que vaya haciéndose público, lo deshecha con una típica actitud *nos-otros/vos-otros* —siempre referida al «otro»—, como si formase parte de otra esfera cultural fomentando así la desigualdad y la polaridad. Lo repertorial y lo disposicional son dos caras de la misma moneda, pero que sean caras opuestas no es justificación necesaria para decidir qué abrazar o rechazar. Sin embargo, es normal que así sea, pues puede haber confusión entre lo verdaderamente disposicional y una deformación de una obra por medio del Antimuseo, ¿Cómo distinguir las obras de arte de las producciones técnicas en un entorno donde todo es eclipsado por los intereses mercadotécnicos?

La Academia, pues, puede ser definida como aquella institución que se centra en la transmisión y preservación del arte público: esto es, *espistēmē* y *téchnē* —la raíz de la preproducción—, y el conocimiento histórico y genealógico repertoriales.

3.2 RELACIÓN ARTE-SOCIEDAD

El Antimuseo podemos definirlo como aquella entidad que utiliza las producciones de los autores, ya sea de aquellos formados en la Academia o sencillamente por aculturación, con vistas a fines personales propios. Actúa según intereses privados y de manera egoísta. Vemos entonces la gran paradoja social. Por un lado, tenemos un generador de artistas, pero por otro a uno de replicadores técnicos. Esto nos lleva a las opciones que siguen:

- Un artista natural (disposicional) produce obras que no son catalogadas socialmente como arte.
- Un artista antinatural (repertorial), por operar dentro del repertorio, es aceptado socialmente.
- El artista se ve obligado a convertirse en un replicador técnico para «sobrevivir» en un mundo mercadotécnico.

Solo los replicadores pueden prosperar. ¿Cuán heroico es un artista? Si su heroísmo es tal que no sucumbe al sistema mercadotécnico, será artista siempre, y al no perder por tanto nunca su condición tal ni traicionar su naturaleza, estamos hablando de un *superartista*, esto es, aquel que no pierde nunca su esencia ni se mueve en contra de su vocación.

Cualquier artista puede, en un momento dado, verse superado por el sistema que le rodea. Las necesidades humanas, la aculturación, a veces la ignorancia de saber que se puede ir más allá de lo establecido socialmente, aparte de artísticamente, pueden destruir el germen del artista, a veces antes de que pueda ser desarrollado. Es una corrupción del alma del artista, una automutilación de sus disposiciones en pos de un convenio social. Por eso, aunque el artista sea por definición heroico, su grado de heroísmo determina qué clase de artista es, o seguirá siendo.

Esto lo podemos ver en cualquier campo. Un artista exitoso que produce sus obras con poca o ninguna influencia de la Academia y sin vistas ni pretensiones de ser aceptado por el Antimuseo, tras una buena aceptación social, esto es, una catarsis colectiva, el Antimuseo se quiere apropiar de ello. No es la Academia queriendo llevar su obra disposicional al repertorio. Esto ocurre cuando el Antimuseo ha agotado todas las posibilidades en términos de mercadotecnia, y a nivel social se ha aceptado el nuevo producto como tal en lugar de considerarlo ajeno. Es entonces, como consecuencia de la respuesta social, cuando la Academia comienza a ir añadiendo, lenta pero progresivamente, estas obras a su repertorio tras una categorización. Esta respuesta social se puede entender como un *nóstos* colectivo, cada uno con el suyo. Podríamos llamarlo *polynóstos* por hacer un juego de palabras a partir de la raíz *pólis* («ciudadela, ciudad»), pero también de *polys* («muchos») (Liddell y Scott 1940). Es decir, un *nóstos* colectivo de espectadores de la misma comunidad hacia la misma obra de arte o replicación presentando una respuesta social capaz de alterar el repertorio académico. Por comunidad no hay que comprender el conjunto de personas de un mismo pueblo o nación, sino el conjunto de personas vinculadas por intereses comunes.

Los dos últimos puntos están relacionados, ya que al ser ambos aceptados socialmente, bajo esta perspectiva pueden ser confundidos ayudando al replicador técnico a seguir disfrazado produciendo de manera egoísta. El verdadero artista repertorial, aunque altruista, tiene la desventaja de poder ser tomado como lo contrario al pertenecer a un sistema mercadotécnico, y aunque no sea esa su naturaleza, al desprenderse de su obra, esta es recogida por el Antimuseo para su explotación. La única diferencia a efectos prácticos desde el punto de vista socioeconómico es una cuestión invisible por ser privada. Las intenciones del replicador que se aprovecha del repertorio son suyas y solo suyas, y la intención altruista del auténtico artista es carente de ego por definición. Si protestare, sería haciendo gala de su ego, y por tanto no podría ser altruista, lo que le relegaría de la categoría de artista convirtiéndolo en su antítesis.

Por esto se perpetúa un sistema ineficaz donde los verdaderos artistas no son tenidos en cuenta, ni los repertoriales por ser confundidos con los replicadores, ni los disposicionales por estar ajenos al grupo social avalado por la Academia. Su cualidad de héroes anónimos impide a los artistas reclamar lo que es suyo, y pasan inadvertidos durante su vida. Al final, la obra réplica se dirige a un entorno mercadotécnico. Sea por medio del Antimuseo o por ejercicio directo de un replicador. La respuesta social es la que importa porque es relativa al conjunto de individuos que pueden traducir su interés en ganancias que satisfagan los fines egoístas de los involucrados en el uso mercadotécnico de una obra o replicación. Para poder hacerlo se utilizan métodos mercadotécnicos con el fin de generar una *pseudocatarsis* que mueva a los potenciales compradores.

Si la catarsis es una cuestión subjetiva, ¿cómo puede ser falsa (*pseudo*)? No lo es, pero hacemos esa distinción con la finalidad de tener siempre presente el origen. Mientras que la catarsis se produce de una obra (creada con intención altruista), la *pseudocatarsis* tiene origen en estudios de mercado. Si la replicación técnica es repertorial o disposicional es una mera casualidad, ya que el movimiento mercadotécnico solo busca el beneficio propio.

El conflicto surge de la dualidad polar entre instituciones artísticas, o lo que es lo mismo, de la incompatibilidad entre los ámbitos público y lo privado. La Academia se rige por intereses públicos con respecto al repertorio, tanto de su transmisión *epistémica* y *técnica*, como de su preservación. Los intereses privados del Antimuseo «venden» el repertorio en busca de una ganancia propia. La Academia forma artistas repertoriales, el Antimuseo no funciona sin replicación *técnica*. He aquí el conflicto social, pues estas dos entidades no trabajan juntas, son opuestas, no necesariamente complementarias, y no tienen en cuenta el arte disposicional. Por ello el artista natural no encuentra un lugar en la sociedad y su estereotipo es el de incomprendido y comprometido con una serie de valores contrarios a los de la sociedad que no le abre un hueco, lo que refuerza su actitud heroica.

Debemos preguntarnos si alguna vez hubo un equilibrio o un trabajo colaborativo entre estas dos entidades institucionalizas socialmente. En la antigua Grecia el arte no era lo mismo; ni tampoco lo fue tras el vanguardismo. Y siempre hubo alguna entidad en las sociedades consumistas que actuase como Antimuseo, pero que no tenía tanto control como parece tenerlo ahora, del mercado hasta el punto de alterar, antes de que pueda ser aceptado, una corriente. Por ello, la Academia no puede seguir el ritmo impuesto por el Antimuseo, ya que antes de que la respuesta social se cristalice, sigue bombardeando a los espectadores con nuevos productos que, para ser difundidos mediante estrategias mercadotécnicas, deben ser realizadas por replicadores técnicos. Así se produce un desacoplamiento que impide que se asienten los repertorios recién adquiridos.

3.3 PROPIAS OPINIONES Y OPINIONES INFUNDIDAS

Antes dijimos que la sociedad mercadotécnica «no tiene mucho en cuenta a los que disponen de una actitud altruistas», referido a los artistas. Pero esto no tiene por qué ser así, existe una tercera vía que no implica el paso necesario por el factor mercadotécnico. Es precisamente provocando una respuesta social, esto es, un *polynóstos*. En efecto, si un artista, por lo que hemos dicho desde el principio tras exponer su definición, es altruista, no puede esperar nada a cambio, pero su obra, tras haberse desprendido de ella, puede ser abrazado por los espectadores. Estos sufren su catarsis, en esta ocasión auténtica en todo el espectro pues, aunque para el espectador final, el *nóstos* que efectúa sea completamente auténtico, no hay intereses privados tras la obra.

Si se trata de una obra repertorial se desempolvan de los entresijos de la Academia, viejos estilos y viejas estéticas, se vuelven a poner de moda las *espistēmēs* y *téchnai* clásicas. En el caso de ser una obra disposicional, comienza su inclusión en el ámbito académico. Sea como sea el tipo de obra, si el artista no ha sucumbido a la tentación mercadotécnica, se ha mantenido fiel a su naturaleza altruista: ha sido un *superartista*.

Se genera un *polynóstos* después de la (*pseudo*) catarsis cuando:

- una obra es deformada a obra falaz después de haber sido acaparada por el Antimuseo y transformada para el mercado;
- una réplica técnica es diseñada directamente para el mercado;
- una obra desprendida consigue evitar el Antimuseo y es aceptada socialmente.

Vemos también que el Antimuseo se apropia de muchas obras de naturaleza original altruista para adaptarla a un mercado ya definido que complazca los fines mercadotécnicos que buscan. Los espectadores no saben distinguir entre una obra de arte de una réplica técnica porque lo vivencian todo subjetivamente (o intersubjetivamente). Su *nóstos* es siempre genuino, aunque por motivos de clarificación hemos denominado *pseudocatarsis* a aquella catarsis producida por la intervención del Antimuseo sobre una obra. A efectos del espectador es una catarsis en toda regla, solo es una distinción en términos de su génesis. Con esto, se entiende por «obra falaz» aquella que genera una *pseudocatarsis*. Esta característica contemplativa es aprovechada por el Antimuseo para acomodar una obra a sus intereses, y para ello cambia su forma. Son «obras sofistas», que relativizan el fin de las obras según sus intereses. Esto significa que una obra que es un fin en sí mismo, la transforman en una réplica mediante de-*forma*-ción para que sirva de medio, un medio económico. Esta es la obra falaz. El Antimuseo opera directamente sobre las obras, no sobre los artistas.

Son los fines del mercado los que generan el desacoplamiento, entre las dos instituciones, a saber, Academia y Antimuseo, y no solo por actualizarse tan rápido que no permita el asentamiento y la costumbre que permite a los espectadores identificarse y autorrepresentarse, sino que también impide ver a qué ámbito pertenece cada obra. Así, los repertorios son consecuencias de deformaciones y ya no se llenan de obra altruista. Las opiniones propias de los espectadores no se pueden tener en cuenta debido a la celeridad con la que el Antimuseo ejecuta su poder mercadotécnico, y las opiniones que serían originales, al ser producto de obras que han perdido su forma original junto con estratégica propaganda, deforma también las opiniones que una vez fueron honestas. Las opiniones deformadas son aquellas contaminadas por la publicidad, que como herramienta del Antimuseo, solo busca su beneficio económico, esto es, su propio fin.

La mercadotecnia se encarga pues, de influenciar las opiniones de los espectadores, lo que significa indirectamente que, aunque un espectador se autorrepresente con una obra y sufra su catarsis, la opinión que transmitirá, al estar contaminada en beneficio del Antimuseo repercutirá en la Academia. Los nuevos repertorios son, por tanto, productos velados del mercado disfrazados de obras. Así, la Academia se llena de muchas obras falaces, y llegará un momento donde Academia y Antimuseo no se diferencien salvo en sutiles matices del ámbito al que competen, pero no en cuanto a las obras que acogen.

Es el mercado lo que genera el desacoplamiento, pero también lo que reduce las diferencias ente Academia y Antimuseo al modificar con sus técnicas las opiniones de los espectadores.

3.4 LOS ARTISTAS «NAVEGAN CONTRA EL VIENTO»

Un *superartista* es aquel «que no pierde su naturaleza». La naturaleza del artista radica tanto en su dinamismo como en su altruismo. La primera de sus características es común a la de todo productor; incluso los replicadores técnicos o el mismo Antimuseo despliega esta aptitud. La diferencia radical se origina en la intención, que es en última instancia, una cuestión de elección personal, pero que forma tan parte de su esencia que sería casi imposible renunciar a ella: el altruismo.

No todos los artistas gozan de una integridad absoluta y están fácilmente expuestos a un sistema que les supera y pueden rendirse a él. Esta caída no es tan sencilla como el cambio de postura ante las implicaciones económicas, sino que da lugar a una renuncia de la naturaleza en pos de un sistema en el que debe moverse y vivir, siendo para ello necesario que acepte normas que detesta o producir réplicas para poder mantenerse en él. Cuando un artista se convierte en replicador renunciando así a su naturaleza, «cae». Es una «caída» de su estatus de artista, destronándose a sí mismo, despojándose de su conducta para abrazar valores de terceros. Parte de su heroísmo es mantenerse fiel a sus principios que coinciden con las leyes del arte, pero, aunque sucumban al mercado los artistas, estos no dejan de ser tales ya que un momento de debilidad no puede contrarrestar una trayectoria vital o una esencia que se ha visto ensombrecida por un acto de supervivencia. Tenemos pues a dos tipos de replicadores, clasificados según su esencia: aquellos que siempre lo han sido porque su esencia es dinamismo egoísta, y aquellos polos opuestos de dinamismo altruista que han «caído» al abismo de la mercadotecnia por confusión de su espíritu de artista al verse privados de todo aquello que les permite llevar a cabo sus funciones vitales.

Así, podemos definir al replicador caduco, como el que una vez fue artista, pero cayó. Que tiene actitud egoísta debido a factores externos, aunque su naturaleza sea altruista. El lema «caduco» hace referencia a la acción de caer, como le ha ocurrido al artista con su «caída», pero se asocia en la lengua contemporánea a perecedero, poco durable, o en otros contextos, que ha disminuido sus facultades.

Es exactamente lo que le ocurre a este artista, pues su estado es transitorio y no perenne. Otra forma de verlo sería entender al replicador caduco como un «falso replicador», puesto que su categoría de replicador técnico se basa en una actitud egoísta temporal y momentánea, producto de una enajenación mercadotécnica, pero ajena a su naturaleza altruista. La naturaleza del replicador *per se* es egoísta, por eso se mueve de manea excepcional en un ámbito dominado por el mercado, pero precisamente por esto no es capaz de revertir su naturaleza.

En contraposición, encontramos el replicador perenne, que dispone de actitud egoísta por naturaleza. El lema «perenne» refiere a su trayectoria continua en la falsedad de su naturaleza, pues el replicador perenne no puede ser un artista nunca —ni tiene interés en ello, solo en el beneficio—, solo puede simular serlo viviendo en esa inautenticidad. Por esto, un replicador perenne no puede abandonar su estatus de replicador.

A efectos prácticos estos dos replicadores operan igual, con la salvedad tal vez, de cierto resentimiento por parte del caduco. No obstante, son sujetos de diferentes naturalezas. El dinamismo puede variar a lo largo de una vida, la naturaleza no puede ser alterada, solo amoldada e integrada, sublimada de algún modo, pero un artista lo es por su intención altruista y esto surge por su naturaleza. Esta es la razón de que un artista que fue corrompido por las exigencias de lo económico o mercadotécnico puede siempre redimirse olvidando todos los «beneficios» que el sistema le ofrece, esto es, dándose cuenta de que lo que realmente importa es el arte y esto es «el arte por el arte». Para ello debe desprenderse del nuevo egoísmo que le ha cautivado un falso fin y le ha apartado de su meta que es el altruismo. Así, el artista que no ha sido *superartista* no está condenado por sus decisiones pasadas y es capaz de ceñirse a las leyes del arte ignorando las del merado.

3.5 COMPETICIÓN

No podemos evitar hacer referencia a los conceptos introducidos por Nietzsche de apolíneo y dionisíaco. Estos conceptos guardan una estrecha relación con lo repertorial y lo disposicional, pero no se identifican directamente con los artistas. El verdadero arte tiene implícito un fin de autoconocimiento. Es el «conócete a ti mismo» o su búsqueda lo que mueve al artista en su dinamismo. No obstante, no toda arte es dionisíaca, solo la *poíēsis* viva, la propia solo del artista natural. Es por esto el uso del adjetivo «natural», pues es de acuerdo con su naturaleza, más allá del gregarismo.

Un artista de *poíēsis* inerte que da rienda suelta a sus instintos utilizando como base las apariencias del repertorio no carece de dinamismo, pero sí de voluntad para moverse de acuerdo con sus disposiciones internas o instintos, esto es, su naturaleza, y dar el paso para ser un artista disposicional o natural. Los instintos pueden ser educados y acallados, sobre todo en un entorno social donde el Estado moderno forja sujetos sumisos amoldándolos a sus propios intereses, que suelen ser económicos. Así, muchos replicadores técnicos creen, o hacen creer, que arte es lo que producen, y los artistas repertoriales apaciguan sus disposiciones replicando en lugar de «creando». Su esencia artística sigue ahí, pero sus instintos han sido amputados y no oyen su propia voz. El artista disposicional sigue su propia voluntad ignorando la aculturación, esto es, no dejándose impregnar por las apariencias apolíneas.

Todo el espectro social impide el desarrollo de la *poíēsis* viva. Aunque Academia y Antimuseo parecen ir por separado y tratar cuestiones opuestas, como son la dedicación a la preservación del repertorio y la distribución posterior al filtro mercadotécnico, se alejan y alejan a todos de lo dionisíaco, centrándose únicamente en lo apolíneo, es decir, lo repertorial. Es por esto que un artista natural tiene que luchar contra esa fuerza arrebatadora de voluntad y en tal pugna, el artista cede viéndose obligado a «caer» al estado de caduco. Solo con un ejercicio de su voluntad puede recuperar su estado dionisíaco.

Lo apolíneo o repertorial (lo necesario o contingente) surge de la necesidad de querer imponer un orden estético grupal. El artista es un individuo que bebe de experiencias y las utiliza como materia prima para su *poíēsis*. Tanto Academia como Antimuseo luchan contra ese individualismo queriendo impedir el autoconocimiento de aquello por lo que lucha un artista.

La sociedad apolínea deforma las obras para convertirlas en réplicas técnicas a través del Antimuseo alterando su forma. La única posibilidad de que una obra disposicional entre en un mercado es que sea compatible con este, y eso solamente puede ocurrir cuando no se trata de una obra disposicional, sino de una repertorial disfrazada que busca una falsa exaltación para que se confunda con una catarsis conjunta. Solo así, una obra falaz no se ve como tal, y por medio de alterar al *polynóstos* se modifica la Academia.

Una sociedad de artistas o una que permita que estos se desarrollen sería una sociedad dionisíaca que, al contrario que la apolínea, no se sorprenda ni se ofenda con lo disposicional ni lo acepte hasta que haya pasado por todos los filtros de deformación. Los únicos valores están subordinados a intereses económicos que impiden que el arte surja porque la naturaleza de los artistas está adormecida. El individualismo que les caracteriza, altruistas, no se promociona, sino que se castiga, y solo se premian dos actitudes, la del individualismo egoísta y la colectividad gregaria, y se muestran estas dos últimas como los dos únicos polos opuestos, en lugar de mostrar una tercera vía (de la infinitud de caminos intermedios) que es la de la búsqueda de «yo» interno a través de la cesión al mundo de las obras según *ars gratia artis*.

Por estos intereses egoístas del Estado que se transmiten a toda institución, nace el Antimuseo, y las propias opiniones de los espectadores, mediante aculturación a través de obras falaces, se convierten en las opiniones infundidas que retroalimenta el mercado. El *polynóstos* es, por tanto, el arma que deforma la Academia. Se confunden académicamente repertorios originales que han surgido de la voluntad y actitud altruista de obras de artistas, con obras falaces producto de un proceso económico, y no las discrimina, generando un repertorio falaz, una Academia apolínea basada en las formas y apariencias socialmente aceptadas tras una coacción encubierta. Se disponen al mismo nivel obras auténticas y obras falaces hasta que la siguiente generación ya no sabe diferenciar entre qué es producto de la voluntad y qué no. Y dado que los espectadores viven las obra según sus experiencias ajenos a si se ha producido por *poíēsis* o por *téchnē*, a sí es auténtica o falaz, sus *nostoi* se ven contaminados con producciones de todo tipo, pero todas ellas con el aval de la Academia, encargada de transmitir y preservar. Fruto de esta preservación, por la persistencia repertorial, es que para la posteridad perduren obras falaces.

Hace falta estimular el arte desde sus leyes y no inducir a los artistas a estar al servicio del Estado, pues si lo hicieren, irían en contra de su naturaleza, y no podrían ser sino, repertoriales (antinaturales). Han de poder ser libres para crear sus obras antiestéticas para que el mundo pueda servirse de ellas.

* * *

Indicar que existe cierta mediocridad implica que existe una jerarquía de calidades, y por tanto se infieren los términos «bueno» y «malo». El arte en cuanto a sí misma siempre es «buena» pues es la expresión del artista como fin en sí mismo. No obstante, a ojos de la sociedad, sí existe cierta categorización de obra que viene dada a través del modelo de mercado. Los artistas que se hayan elegido formar parte del sistema mercadotécnico deben adaptarse a ella asfixiando su *poíēsis* viva hasta convertirla en inerte.

PARTE II

EVOLUCIÓN ESTÉTICA EN VIDEOJUEGOS

4

SEMIÓTICA

La semiótica es la disciplina que se encarga del estudio y análisis de los símbolos y significados. Los signos son representaciones gráficas que envuelven un significado limitado o restringido y son fruto de convenciones sociales, como por ejemplo el signo «€», que indica la moneda europea. Es aprendido y sin una previa aculturación sería imposible descifrar su significado. Los símbolos son representaciones de conceptos o caracteres, se conocen por asociación con elementos de la realidad y se pueden comprender como una metáfora. Ya en los viejos cómics de los años sesenta los delincuentes soñaban con bolsas de dinero, pero no se veía el dinero en ellas, sino un saco con el símbolo «$». Cuando dos personas se enamoran se las rodea de pequeños corazones, o en el archiconocido logotipo de Milton Glaser, «I ❤ NY», ese corazón sabemos que representa al verbo «amar» correctamente conjugado. Una cruz con la parte superior en forma ovalada («anj»), «☥», representa la cultura egipcia; una cruz latina, «✝», el cristianismo; y si está acompañada de un círculo rodeando su intersección entonces nos evoca a la cultura celta.

Pero no solo las formas de los símbolos constituyen su significado, también su código de colores. Una cruz roja no significa lo mismo que una cruz verde, la primera hace referencia al movimiento humanitario, la segunda nos remite a las farmacias, aunque su símbolo siempre haya sido la copa de Higía. Si invertimos los colores de la Cruz Roja, obtenemos la bandera de Suiza. Comprendemos el mundo debido a ese convenio con el que hemos crecido y al que nos hemos adaptado y son estos símbolos que encontramos día a día en nuestras vidas los que nos aportan la información necesaria para saber desenvolvernos en la vida real.

4.1 SÍMBOLOS, LOGOTIPOS E ICONOS

Se trata de un área imprescindible en el desarrollo de videojuegos. Son los signos y símbolos precisamente los que ayudan a comprender desde nuestro mundo, el mundo digital donde transcurre la acción. Aprovechamos el conocimiento del jugador para ayudarle a entrar en la aventura sin necesidad de un entrenamiento previo. Cuando un usuario trata de sumergirse en la aventura, cualquier pausa para comprender las abstracciones que allí se presentan se convierten en distracciones que hacen que el jugador sea menos jugador y sea más analista, descifrando símbolos. Cuando esto ocurre, no hay juego.

Al diseñar un juego debemos tener esto presente, y solo añadir nuestros propios signos si el género al que pertenece el videojuego permite la introducción de esa información de manera fluida, a través del argumento.

Los símbolos son mucho más fáciles de integrar puesto que son representaciones, y al hacer referencia a un elemento del juego tenemos que tener en cuenta que este mismo ya es una representación. Cuando vemos a Samus disparar sus misiles, los vemos recorriendo la trayectoria que va desde su arma hasta que impacta con el objetivo, moviéndose siempre horizontalmente. Cuando encontramos a lo largo de la partida un misil en posición vertical inmóvil en el escenario, sabemos que se trata de munición, porque reconocemos el símbolo, y no lo confundimos con un proyectil por no estar ni en movimiento ni en posición horizontal. También, ese mismo símbolo encerrado en una cápsula nos indica que es un ítem coleccionable por asociación con el anterior, pero esa envoltura nos da la información de que no es un reemplazo de la munición agotada, sino una ampliación.

Esto último no se indica en el juego de manera obvia, solo se puede llegar a esa conclusión por medio de la experiencia, pero cualquier jugador lo habrá supuesto en base a un ejercicio previo de otros juegos anteriores. En un juego de plataformas o de acción, por lo general, un usuario espera encontrarse munición, vida, protección y llaves de acceso, siendo los dos primeros recursos asociados a su supervivencia y el último una forma de control sobre los lugares por dónde debe ir y cuándo.

Cuando los juegos superaron la etapa de gráficos muy realistas dejando estancada la visión pixelada en el pasado, no modificaron demasiado la estética de los símbolos representando objetos, o si lo hicieron, les confirieron propiedades que los hacen fácilmente distinguibles. En los juegos tipo *FPS* como *Nexuiz Classic*[3] (2005), aprovechan el mismo modelo del arma para disponerlo a lo largo del mapa y que el jugador se lo encuentre teniendo acceso a ella, pero para no confundirla

3. Juego de acción en primera persona, modificación del motor de *Quake* (1996), creado por Alientrap Software, libre y de código abierto distribuido bajo la licencia GPL.

con un elemento del escenario, esta está a escala y levita sobre la superficie rotando lentamente. Al contrario que en ese caso, los ítems relativos al estado físico del personaje, como la vida o protección, son iconos, también levitando y rotando, pero más fáciles de reconocer, pues no hacen referencia a objetos físicos tangibles como lo es un rifle o un láser, sino que aluden a los puntos de vida o protección de los que goza el jugador.

Otro juego del mismo género es *Warsow*[4] (2012), más reciente que el anterior y que optó por una llevar todos los objetos coleccionables a la categoría de símbolo organizados por código de color. Incluso tiene una opción en el panel de configuración para mostrar esos ítems de una forma todavía más simple y minimalista. Este género requiere agudeza visual en el mapa, al ser «combates a muerte» (*deathmatch*) todo sucede más deprisa. Los jugadores se mueven por el mapa a toda velocidad y la puntería se basa más en predecir dónde se encontrará la víctima antes que disparar al lugar en el que se encuentra, consecuencia de que todas las armas son de proyectiles para ataque a distancia. La velocidad de reacción es clave, y para ello el reconocimiento visual de objetos desperdigados por la pantalla ha de ser inminente, lo que se consigue con formas planas y colores llamativos sólidos.

En juegos como *The Elder Scrolls IV: Oblivion* (2006) se busca una mayor inmersión. En lugar de ser juegos como los anteriores el ritmo es más pausado, más lento. Las armas son para combate cuerpo a cuerpo, hace falta acercarse, bloquear, blandir una espada o enarbolar un hacha. La única posibilidad de disparo desde la lejanía es el uso de arco y flechas, que el propio juego insiste, precisamente por la inmersión, simular el disparo tensando la cuerda y apuntando con sosiego, tarea muy difícil en movimiento. Se busca que el jugador entre en el juego y, para ello, mostrarle símbolos al estilo de iconos alteraría la experiencia. Cuando lo que se busca es la completa inmersión, los ítems a recolectar son idénticos a los usados porque son los mismos, la flecha que se lanza es al que se cae y se recoge.

4.2 FORMAS

La estética define la marca del juego que impregna la mente del jugador. El tipo de gráficos es también una firma del artista. Todos los estilos posibles se reducen a dos posibilidades: realista o caricaturesco. Todos los demás estilos pertenecen a uno u otro campo, y en función de cuál se elija, el resultado puede ser diferente. Cuando se opta por una estética realista, los personajes han de ser realistas también en apariencia, y esto, como en la vida real, implica que sus rasgos han de

4. Juego con código de *software* libre, distribuido bajo la licencia GPL y basado en el motor Qfusion, una modificación avanzada del motor del *Quake II* (1997).

ser expuestos de manera narrativa, lo que conlleva una historia necesaria que de antemano debemos conocer. Si por el contrario elegimos gráficos caricaturescos, aprovechamos más el diseño para transmitir información al espectador acerca de la personalidad de los personajes.

Los signos y símbolos son producto de un convenio, pero hay otro nivel de simbología que también aporta información, y son las formas. Esta es una de las claves de la estética, y ha de ser uniforme para transmitir correctamente un mensaje sin utilizar palabras. Incluso la forma descrita por la trayectoria que sigue un objeto dice mucho de él.

La trilogía cinematográfica *The Matrix*, de la que luego surgirían videojuegos como *Enter the Matrix* (2003) o *The Matrix: Path of Neo* (2005), es un ejemplo del uso de las formas, sutil e inadvertido a nivel consciente por la mayoría de los espectadores, pero evidente. No se apoya únicamente en el tinte verde que se utiliza cuando el protagonista se encuentra en la simulación social *Matrix*, sino la forma ovalada de las gafas en los personajes luchando contra el sistema, o de bordes rectangulares en los agentes que tratan de detenerlos.

Figura 4.1. Neo (Thomas A. Anderson) y el agente Smith, protagonista y antagonista respectivamente de *The Matrix: Path of Neo* (2005), dando cuenta de la forma de sus gafas según su bando y personalidad, elemento icónico de la serie.

Todo se puede reducir a tres formas primitivas que dan lugar al resto de figuras. Estas son el círculo, el cuadrado y los triángulos. El círculo representa el movimiento, el cuadrado la firmeza, el triángulo el caos.

Círculo	Juventud	Dinamismo	Energía	Volubilidad
Cuadrado	Madurez	Estabilidad	Equilibrio	Obstinación
Triángulo	Locura	Peligro	Fuerza	Agresividad

Así, en la estética de *The Matrix*, las formas cuadradas que ostentan los agentes es un reflejo de su estatismo, pues son programas deterministas que no pueden alterar su destino. Obstinados en la manera de desempeñar sus tareas y en equilibrio con su entorno, que no tiene por qué tratarse de algo positivo, sino de remarcar su complacencia con un sistema que esclaviza a los seres humanos. Neo, Morfeo y demás personajes, por el contrario, utilizan las formas redondas u ovaladas. Son energéticos y dinámicos, y son la clave del conflicto, pues son la clave de la resistencia, los liberadores.

Las gafas de Smith cambian en la segunda entrega de la saga cinematográfica, pero también cambia el personaje, pues se ha desarrollado y tiene otros objetivos ajenos a su misión inicial. Es un personaje más dinámico y por eso las formas redondeadas de sus lentes, pero no demasiado, ya que sigue manteniendo cierta esencia de su «yo» anterior.

Ya sea por aculturación, costumbre o un poco de todo, esto se cumple semióticamente, y podemos aprovechar más esas formas cuando nos decantamos por un estilo más caricaturesco para representar a los personajes y el mundo en el que viven. Se pueden incluso expresar las emociones de un personaje por las formas y movimientos de estas formas, el estado de ánimo como imagen obtenida por su aspecto físico o las variaciones de este. En la caricaturización se exageran aspectos físicos del personaje que, en conjunción con los elementos narrativos, pueden aprovecharse como notas acerca de su personalidad y de su carácter.

En la entrega *The Secret of Monkey Island* (1990), cuando el diseño no estaba definido, pero existían ciertas limitaciones tecnológicas que obligaban a la estética a ser definida por píxeles, el realismo no era una opción. Aunque en las imágenes dedicadas a un solo personaje, durante un diálogo fuera de la acción de la aventura, con escasa animación, se trataba de buscar un diseño realista. En aquella época el realismo en los videojuegos, aunque reservado a imágenes contadas y alguna que otra pantalla de inicio, era sinónimo de gran diseño.

Para cuando se realizó la nueva versión en su relanzamiento *The Secret of Monkey Island: Special Edition Collection* (2011), la estética cambió, adaptada a una nueva era, y con la herencia gráfica de las últimas entregas, *The Curse of Monkey Island* (1997), *Escape from Monkey Island* (2000) y *Tales of Monkey Island* (2009), todas de la misma productora, LucasArts, aunque ya sin Ron Gilbert al mando, la estética elegida fue completamente una caricatura de la anterior. Aunque este estilo visual se comenzó a utilizar en estas series una vez Guybrush fuese ya conocido, esto permitió mantener el cariz cómico del juego a causa de los otros personajes secundarios que iban apareciendo e interactuando con el protagonista. También facilitó que la (falta de) lógica en los puzles tuviese más sentido que representándose de manera mucho más realista.

En la nueva versión, detrás de ambos personajes vemos a la luna llena exageradamente grande para añadir un detalle de complicidad entre ellos y la escena que no se podría obtener con un diseño basado en el realismo estricto. No es solo en esta escena, el tamaño de esta al lado del bar SCUMM (*Script Creation Utility for Maniac Mansion*) pasó de tener un tamaño realista en la versión original a ocupar todo el cielo en la reedición, cargada ya de un significado romántico que culmina cuando ambos protagonistas se encuentran juntos en el mismo plano que la Luna. Al principio se muestra un vínculo entre personaje y entorno, y al final uno entre Elaine y Guybrush a modo de final feliz.

Figura 4.2. Comparativa entre el realismo buscado en los primeros planos de la gobernadora Elaine Marley y Guybrush Threepwood en *The Secret of Monkey Island* (1990) y la caricaturización en la reedición de 2009.

Lo que la aventura trata de transmitir al jugador-espectador se realiza mediante la estética del entorno. De tener gráficos puramente realistas, como en una cinematografía, habría que compensar todos esos elementos mediante otros planos, hincapié y precisión en otros detalles como un gesto o una mirada, y también mediante diálogos, internos o externos al protagonista que definan y configuren un entorno. Es este el motivo por el que las adaptaciones entre diferentes áreas artísticas requieren cambios narrativos. No se puede adaptar una novela al cine sin realizar ciertas modificaciones necesarias que dirijan la atención del espectador hacia otros puntos en concreto de la obra con el fin de transmitir el mismo mensaje. Es por esto que las adaptaciones literales de libros a películas no suelen resultar en el mismo efecto para con los espectadores, y si ambas son exitosas según un criterio generalizado, es por haber realizado los cambios pertinentes. Una extensa descripción en una escena de una novela no puede transportarse de la misma manera al cine, ni una escena cinematográfica tiene el mismo impacto por escrito. De igual forma, la estética que busca las formas reales no impacta ni informa de la misma manera que aquella en las que se exageran. Esto no quiere decir que el realismo se entienda como un impedimento para la narración, sino que su medio de comunicación y expresión ha de ser diferente hacia el espectador.

Los espectadores interpretan de manera distinta las imágenes, pero tras una aculturación y hábito, tras costumbre y repetición, muchos de los elementos que se utilizan tienden a generar la misma respuesta. Es equivalente al significado comprendido de los emoticonos tradicionales, antes de los, hoy tan conocidos y utilizados, *emojis*. En los países occidentales, la forma mínima de expresión se basa en la boca, y por eso encontrábamos emoticonos que sonríen más o menos y, salvo guiños de ojos, lo que cambia es el carácter que representa la sonrisa: :-), :-D, :-/, :-|, :-O. En países orientales, por el contrario, la expresión facial dominante es la relativa a los ojos, y por ello, sus emoticonos son diferentes e ignoran más las sonrisas: (>_<), ((+_+)), (-_-;), (^_-). Es un componente cultural que se está expandiendo más según la globalización tiene lugar, donde existe una asimilación cultural no impuesta, sino aceptada voluntariamente.

Visto esto, en las caricaturas de los juegos de aventuras como *Monkey Island 2: LeChuck's Revenge* (1991), en importantes momentos de comedia dirigidos al espectador donde, de alguna manera, Guybrush rompe la cuarta pared, sus expresiones son, al estar creado e inicialmente dirigido a occidentales, fundamentalmente realizadas con la boca. Ídem para Largo LaGrande. Son expresiones que no podrían existir fuera de un ámbito caricaturesco de gráficos realistas.

Figura 4.3. Gestos faciales exagerados de Largo LaGrande en *Monkey Island 2: LeChuck's Revenge* (1991).

Figura 4.4. Diseño del personaje LeChuck para *Monkey Island 2 Special Edition: LeChuck's Revenge* (2010).

La identificación y autorrepresentación del jugador-espectador con el personaje principal sucede, por tanto, a través del significado semiótico de aquellos elementos previamente introducidos culturalmente antes que mediante expresiones realistas que reflejan la cultura *per se* independientemente del significado, ya que estos están apoyados en la propia narrativa. Cierto que ciertas expresiones realistas que pueden tener lugar son producto cultural, pero este está incluido en el universo de formas reales antes que en la premeditada conexión entre personaje y espectador que el diseñador quiso dar originalmente.

En el nuevo diseño de *The Secret of Monkey Island* vemos, salvo en los peinados, formas redondeadas, ovaladas. Incluso en Guybrush, que a pesar de querer convertirse en un pirata es joven y delicado. Si lo comparamos con los diseños de LeChuck vemos que todo él es un triángulo estilizado, cada dedo, sus piernas y pies, los desgarros de su atuendo, la forma de su cara, hasta la barba se configura con formas de excéntricos ángulos. Encontramos formas cuadradas en la hebilla de su cinturón, centro de gravedad y estabilidad del personaje, así como su silueta en forma de paralelogramo. Pretende explicarse este personaje como tenaz y estable físicamente, pero fuera de las formas genéricas, los detalles vienen acompañados de formas triangulares. Es ambas cosas: obstinado y peligroso; cuadrado y triangular.

Las formas conforman el carácter de los personajes o, más concretamente, los rasgos psicológicos que los guionistas que han querido imprimir en ellos.

4.3 CROMATISMO

Dentro de la narrativa, el género de terror precisa del realismo, y la comedia se apoya muy bien en la caricatura. Pero esto no se lleva solamente a las formas, sino a los colores. En el ejemplo anterior de la reedición de *The Secret of Monkey Island*, los colores están mucho más saturados. En su versión original solo se disponía de 16 colores por pantalla para la versión EGA y 256 para su posterior lanzamiento en VGA y, no obstante, no utilizaba una paleta reducida en ninguno de los dos casos. *Dark Seed*, por el contrario, necesita mostrar un aspecto deprimente, y la saturación es escasa. El contraste entre colores es casi mínimo para evocar un blanco y negro sin dejar de utilizar colores.

Un ejemplo claro de colores poco saturados con el fin de evocar frialdad y conferir a la escena un punto sombrío es *Papers, Please* (2013). Sus tonos azules pálidos y verdes sin brillo, en una mixtura con los grises del pabellón, siempre fijo y estático donde transcurre la historia, expone una cruda realidad, la de un país tiránico que oprime a la población. Apropósito de esto, actualmente, como veremos en capítulos posteriores (*vid.* § 10.1), el blanco y negro se está comenzando a utilizar, en muchos casos para tratar de transmitir ese sentimiento de soledad, tristeza, melancolía y deseo de escapar de una realidad dañina. Esto no ocurre siempre, a veces se le da un uso puramente simbólico o por simplismo, no obstante, genera un gran efecto de desvinculación con una realidad en particular, aquella que es la causa del conflicto entre personaje y entorno, o en menor media, en los casos donde el entorno define al protagonista.

El blanco y negro, o alguna otra alteración de los colores, nos indica que la escena que estamos viendo representa un estado diferente del normal. Esto lo hemos visto incontables ocasiones en las series de televisión que, junto con la cámara lenta, a veces, sirve para indicarle al espectador sueños o premoniciones. Ídem para los juegos. Aunque podemos determinar que el tiempo bala es tal dada la velocidad de la escena, así como por las posiciones de la cámara en la saga *Max Payne* (2001–2012), de nuevo la saturación, contraste y brillo cambian para otorgar a ese instante la capacidad de llenar de gloria épica al personaje protagonista. Aquí se trata de retomar el clásico cine negro de personajes duros y oscuros que viven y se desarrollan en entornos también oscuros. La acción transcurre fundamentalmente de noche para ayudar a eliminar la luz natural que representa lo ideal y pacífico, y se sustituye por focos de luz artificial estratégicamente colocados para producir claroscuros que definan la fotografía de la escena.

Figura 4.5. Vista cenital en *Dreamweb* (1994) con su ambiente lúgubre en una eterna noche de lluvia perpetua.

En la aventura gráfica *Blade Runner* (1997) basada en el filme de mismo título de 1982, la estética buscada se hereda del cine. Incluso en el entorno futurista donde todo deberían se comodidades, el contraste entre pobreza y necesidad, y gran desarrollo tecnológico como requiere la estética ciberpunk, se precisa mediante noches eternas de lluvia perpetua junto con grandes focos, paraguas con luz y enormes carteles de neón que son los únicos aportes de color. El cromatismo que define las escenas proviene únicamente de la luz artificial del entorno y no de los personajes, y es este entorno el que les define, pues no es posible, o en todo caso sería contradictoria, la existencia de personajes alegres en un entorno depresivo. Cuando estos personajes son requeridos por la narrativa de la historia, suelen estar envueltos en luz natural o de un origen divino al completar su destino.

Dreamweb (1994) es una aventura gráfica británica que busca también una estética ciberpunk. Ryan, el personaje principal, se debate entre la cordura y la locura, y esto se aprecia en lo que le rodea. No hay colores muy brillantes y precisamente por no existir nada que dé pie a un pensamiento alegre, los personajes todos son de carácter también oscuro. Incluso Eden, novia de Ryan, personaje que podría haberse omitido para el transcurso de toda la aventura, pues no aporta nada narrativamente, y en la que se deja claro que se quieren, infiriéndose que el amor es importante entre y para estos dos personajes, solo cuenta con una fugaz aparición al comienzo para no contaminar el deprimente medio en el que Ryan se ha de mover.

En las pantallas donde la aventura transcurre de día, a veces incluso cerca de una soleada playa, la monotonía, carencia de personajes y de elementos con los que interactuar convierte la escena en un desierto que, en lugar de ser deprimente por la ausencia de fuentes luminosas, lo es por la ausencia de ingredientes con los que el protagonista puede contar. Son zonas despobladas y desprovistas de ítems con lo que interactuar. El jugador-percutor solo puede limitarse a mover al protagonista de una pantalla a otra convirtiendo esas pantallas en escenario muerto, lo que garantiza de nuevo un entorno triste y solitario para el personaje principal remarcando y justificando de esta forma su parca naturaleza.

4.4 NOMENCLATURA

Las alegorías en forma de nombres también nos aportan mucha información a la hora de dar a conocer un personaje. La fonética también es importante. Ahora no tiene mucha gracia y en su momento muy pocos se han dado cuenta, pero en muchas obras literarias y cinematográficas, los nombres están muy estudiados. En *Star Wars* sin ir más lejos, Darth Vader está compuesto de «Darth», que evoca a «*dark*», revelando su postura en el lado oscuro, y «Vader», que fonéticamente sugiere la figura paterna por vía germánica, «*Vater*». El apellido de Han Solo revela su tendencia al camino solitario que ha elegido, y el «*one*» fonético de la segunda parte de Obi-Wan también dice mucho.

También la fonética es importante. La mayoría de los personajes de la resistencia tiene acento americano y el imperio se mueve más con acentos británicos. Esto es una técnica con la que la industria cinematográfica estadounidense juega mucho, utilizando el acento del sur de Inglaterra para definir a los antagonistas. Incluso en las películas de Disney encontramos el mismo patrón. Hablamos de cine porque los videojuegos, hoy en día y desde hace ya tiempo, son narrativas y, por tanto, heredan del cine (así como lo hace este del teatro clásico) muchas de las propiedades que conforman su esencia. Es una cuestión relativa a la narrativa, la de mostrar características del personaje por su nombre.

4.5 INFORMACIÓN DURANTE EL JUEGO

Los videojuegos se guían mediante normas que han de ser transmitidas al jugador de algún modo. Antiguamente se incorporaba un manual de instrucciones, generalmente con una historia introductoria, donde se explicaban los controles del juego además de sus reglas. La audiencia hoy en día no es tan paciente. Estas pautas de juego han de ser intuitivas, de manera que una vez ha comenzado la partida, el jugador sepa exactamente cómo poder llevar a cabo todo lo que quiera hacer.

En juegos como los de la serie *Grand Theft Auto (GTA)*, pequeñas indicaciones a modo de mensajes informativos se muestran en los laterales de la pantalla. En otros casos, como en *GTA: Vice City* (2002), iconos flotantes y rotando al mismo estilo que las armas con el icono informativo típico ayudan al jugador a hacerse con su entorno. Esto no es exclusivo de los juegos de acción.

Machinarium (2009) es un juego de puzles que cuenta una historia a la que se va accediendo a medida que se avanza en la trama, activada con cada solución parcial. Debido a la portabilidad que se quería ofrecer al programa para diversas plataformas, en especial aquellas de pantalla táctil, los controles deben ser sencillos e intuitivos, pero no de manera demasiado simple como para que la resolución de los puzles pierda el desafío que suponen.

Con esto, se indican las «instrucciones» de juego de la misma forma que se exhiben las pistas que ayudan a dar solución a los puzles para pasar la pantalla y así obtener la recompensa, que es más argumento y más puzles. Estas notificaciones, al contrario que en el ejemplo anterior, no se superponen de manera ajena al mundo de manera dirigida únicamente al jugador-percutor. Son presentan como inherentes al mundo donde sucede la acción, como pensamientos del protagonista. Siempre que el jugador decida contemplar, pensar y dejar los controles durante un instante, un bocadillo aparece sobre el personaje protagonista añadiendo más desenlace argumental o, en los primeros niveles, ideas para salir de la pantalla.

Figura 4.6. Exposición de argumento y de pistas para resolver los puzles en *Machinarium* (2009) de una manera integrada con el entorno, en forma de pensamientos del protagonista.

Pero no es la única ayuda que el jugador recibe. Como muchos otros juegos contemporáneos, dispone de un libro de pistas que, al contrario que los de antaño que había que encargar separadamente y respondían de forma explícita y literal cómo superar los puzles, se indica con viñetas y en el mismo estilo estético que presenta todo el videojuego, los pasos a seguir para evitar el bloqueo. Este tipo de pistas no son «gratis», tiene un coste. Similarmente a *Castle of Dr. Brain* (1991) de Sierra On-Line en el que había que pagar con dinero virtual las ayudas, en *Machinarium* se necesita superar un pequeño nivel que emula los videojuegos típicos de Game Boy de principios de los noventa.

Es un claro ejemplo de presentación de la información ajena al mundo en el que transcurre la partida dejándola inmersa en el juego, como parte de su universo particular, sin hacer que el jugador tenga que apartar su mente debatiéndose entre roles contradictorios.

Muchos de los juegos del género *FPS* utilizan la inmersión también como técnica de exhibición de la información y así ayudar al jugador a manejar a su personaje. El campo de entrenamiento de *Half-Life: Opposing Force* (1999) presenta al personaje, le enseña los controles, incluso aquellos nuevos para los antiguos jugadores del videojuego que lo lanzó todo, *Half-Life* (1997), como es el uso de cuerdas, y alecciona en el uso de nuevas armas. Con esto, la nueva audiencia no parte de cero mientras que la antigua gana en comprensión y conocimiento del nuevo protagonista. Siempre sin salir del universo lúdico y utilizando los elementos que el mismo entorno virtual ofrece.

5

HACIA UN REPERTORIO DEFINIDO

La estética utilizada para los juegos que terminaron por hacerse un hueco en los hogares de los consumidores está íntimamente relacionada con dos factores: el mercado y las limitaciones técnicas, pero también lo está con cuestiones culturales que afectan al modo en que estas obras son concebidas, ya sea debido a la expectación de los consumidores o a la estética dominante en un período concreto.

Pasando la época de los píxeles activos en juegos tradicionales como *Space Invaders* (1978) o de gráficos vectoriales como *Asteroids* (1979), los juegos de aventura —que heredaron en su mayor parte la componente narrativa del cine (*vid.* cap. 8.º)— ganaron importancia hasta llegar a marcar un hito en la historia de los videojuegos. Los límites tecnológicos impedían conferir un gran realismo a los gráficos y ciertas alegorías eran completadas por medio de la imaginación del espectador. No se trataba de arte abstracto, sino de realismo mitigado por deficiencias técnicas. Así, se convirtió en uno de los modos óptimos para el desarrollo de aventuras el papel tapiz de fondo representando un área, y gráficos animados para los personajes. El jugador controlaba a uno de estos personajes, el protagonista, que no se diferenciaba gráficamente del resto de los no jugadores.

Todavía no existía un esquema determinado que se pudiese asociar a la industria, por lo que se trataba de una etapa de exploración, en parte inspirada por las primeras entregas de las máquinas recreativas, pero siempre en continuo desarrollo. Los conceptos de los juegos eran tan variados, y dentro del mismo concepto la ejecución del mismo tan libre, que no existía todavía un repertorio fijo al que atenerse.

A mediados de los años ochenta, dos compañías estadounidenses luchaban por el liderazgo en el mercado de los videojuegos de aventuras, estas eran Lucasfilm Games (posteriormente LucasArts) y Sierra On-Line (posteriormente Sierra Entertainment). El motor que utilizaban era completamente diferente, si bien representaban lo mismo. Esto es, la ejecución del mismo concepto era distinta. La diferencia principal en esta área de nueva exploración era la forma en la que el jugador interactuaba con ese mundo digital. Mientras que los clásicos juegos de Sierra utilizaban un complejo analizador sintáctico que permitía teclear cualquier acción posible que quisiéramos que el protagonista realizase —legado de las aventuras conversacionales—, Lucasfilm Games se inclinó por las recientes tecnologías adaptándolas al uso del recién introducido ratón y un selector de verbos para escoger así las acciones a realizar. Pero el ámbito de la estética no se limitaba solamente a lo visual. La narrativa era diferente en ambos enfoques, pues en el de Sierra esta se completaba con la infinidad de posibles combinaciones que el jugador llevase a cabo, lo que obligaba a los programadores a tener en cuenta múltiples acciones que quizá nunca llegarían a tener lugar durante una partida concreta. No sería hasta el momento en el que los jugadores tuviesen acceso a los programas de edición de aventuras con los que poder ver el código que los desarrolladores habían utilizado cuando se podrían comprobar todas las posibilidades predefinidas.

En los juegos de las primeras versiones del motor AGI, y remarcando la herencia del cine, se intercalaban elementos de narrativa pura con acción, combinando lo que posteriormente se conocería como dos géneros distintos bien diferenciados, a saber, aventura gráfica y los juegos de acción. Esto convenía al argumento, pues este se escribía en muchas ocasiones ignorando al jugador, lo que significa que el mundo en el que transcurría la aventura era fundamentalmente autónomo. No significa que la historia existiese por completo sin las interacciones externas, ya que muchos elementos narrativos debían ser inicializados de manera directa en lugar de que ocurriesen espontáneamente, sin embargo, se veía una clara diferenciación entre lo que sucedía por la presencia del jugador y lo que sucedería de todos modos independientemente de las acciones del mismo.

En la primera entrega de una de las mayores sagas de Sierra, *Space Quest. Chapter I: The Sarien Encounter* (1986), el bedel de una nave interestelar, Roger Wilco, se ve en medio de una invasión alienígena que resulta en la muerte de sus compañeros de abordo. Tan pronto como comienza la partida existe un temporizador invisible dispuesto para llegar a su fin en quince minutos tras los cuales la nave hace explosión aniquilando a los pocos supervivientes. Es tarea de Roger escapar de la nave antes de ese tiempo, siempre sin ser descubierto, y habiendo obtenido la información necesaria para poder proseguir con la aventura. El jugador no es consciente del tiempo que transcurre, ni siquiera de la existencia de ese temporizador (a menos que ya haya jugado antes o se trate de la nueva versión de 1991 con el motor SCI1 donde sí se indicaba el tiempo restante). Aunque Roger no obtenga el cartucho de información, puede salir de la nave sin problemas, del mismo modo que puede explorar el planeta Kerona sin necesidad de haber recogido un kit de primeros auxilios. El juego no pondrá pegas ni obstrucción alguna al progreso del jugador, lo que incrementa tanto la sensación de libertad del jugador como la autonomía del mundo. Este universo, incluso en una versión primitiva como es esta aventura, no requiere del jugador ni del protagonista para existir. Era esa la característica principal de los juegos de Sierra, tan destacable, a cambio de incluir un enorme riesgo durante la partida. Sucedía que al incluir escenas de acción era necesario prever los posibles estados de ganar y perder, así como si se dota de libertad de acción al jugador para que deje atrás objetos que luego serán importantes para proseguir, era necesario definir la opción de fracaso o imposibilidad de continuar. De no ser así, se tornaban en irrelevantes las ventajas antes mencionadas y la autonomía se convertiría en anecdótica, y por tanto prescindible. Eran juegos para el jugador-espectador tanto como lo eran para el jugador-percutor.

Figura 5.1. Roger Wilco en la cantina de Ulence Flats donde el espectáculo musical es cortesía de una pixelada versión de ZZ Top en *Space Quest. Chapter I: The Sarien Encounter* (1986).

Cuando en aventuras como *Space Quest I: The Sarien Encounter* (1986) o *Space Quest II: Vohaul's Revenge* (1987), Roger Wilco se veía en peligro, el jugador debía ordenarle al protagonista, sin que la acción se detuviese mientras se pulsaba cada una de las teclas del comando, que utilizase la herramienta adecuada y cómo. La imposibilidad de una pausa de la acción para que el jugador pueda escribir provoca que el propio tecleo sea parte del juego, de su *ludos*. El intérprete de órdenes no dispone de un corrector, cada palabra debe estar escrita adecuadamente; tampoco hay un número ilimitado de verbos para elegir, solo los más típicos han sido codificados en la aventura. En esta aventura gráfica con componentes conversacionales la propia introducción de órdenes servía al jugador-actor por el mero hecho de obligarle a ponerse en el lugar del personaje, pero simultáneamente estaba relacionada con su rol de jugador-percutor, pues el tiempo de reacción era parte y pilar fundamental de la mecánica. Esto era característico de las aventuras de Sierra On-Line desarrolladas con el motor AGI. A medida que mejoraba la capacidad de los procesadores y las capacidades gráficas, lo hacían de igual modo los motores de Sierra. Cuando se hizo uso del motor SCI0 cambiaron también algunos aspectos a la hora de interactuar. En el motor SCI0 la aventura se ponía en pausa a la hora de escribir las órdenes relajando la presión en la parte del jugador y eliminando el hecho de introducir comandos de las competencias del jugador-percutor. Ahora solo era un trámite que ya no se relacionaba con la velocidad de reacción, esta ya no existía, lo que desarrollaba más el aspecto visual hacia el jugador-espectador. Al tiempo se trabajaron mucho más los decorados y animaciones haciéndolos más adecuados a una experiencia contemplativa. El jugador se podía pasar horas viendo como los efectos del agua de un lago virtual reflejaba la luz de los objetos que allí se acercaban. Esto incitaba al jugador a interactuar más con esos elementos, o a invocar a la línea de órdenes tomándose su tiempo para decidir qué hacer. El papel del jugador-percutor se había trasladado de la interfaz al entorno.

Esto se explotó mucho más en 1989 en *Quest for Glory: So You Want to Be a Hero* (originalmente conocido como *Hero's Quest: So You Want to Be a Hero*[5]). Cuando se trataba de un terreno por explorar y todas las acciones que se llevaban a cabo se hacían en lo disposicional, la innovación era el único camino posible. Este conjunto de aventuras incluyó elementos de juego de rol[6] (*RPG*) que obliga al jugador a implicarse más en la aventura. Se convierte en jugador-actor, y ha de conformar la naturaleza del personaje al que maneja, que a su vez interpreta. Para que exista tal experiencia han de cumplirse otros factores que afectan a la autonomía del universo donde la historia está contenida, como son los ciclos de día y noche que repercuten en el transcurso de cada acción. La libertad del jugador, pese a existir un único hilo argumental principal, se multiplica porque ahora son dependientes, no solo de los personajes que pueblan el mundo ni de las adversidades puntuales, sino del mismo mundo en el que el protagonista habita.

---

5. Sierra se vio obligada a cambiar el nombre de su videojuego al no tener su título registrado correctamente cuando el juego de tablero *HeroQuest* lanzó una versión digital en 1991.

6. Género de videojuegos que usa elementos de los juegos de rol tradicionales no electrónicos. Los jugadores de esta clase de videojuegos usan de hecho muy habitualmente, para sus videojuegos de rol, el término tradicional de «juego de rol», a pesar de la confusión que ello puede ocasionar.

Figura 5.2. *Quest for Glory: So You Want to Be a Hero* (1989) con el motor SCI0, evolución de la serie AGI.

El enfoque de Lucasfilm Games fue diferente. Aunque ambas compañías se alimentaban mutuamente de sus ideas e innovaciones, y durante sus primeros proyectos parecían ir a la par salvo diferencias explicables desde el punto de vista del motor de aventuras que usaban, tomaron diferentes caminos. En las primeras aventuras como *Maniac Mansion* (1986) el riesgo estaba asegurado. Era posible «morir» durante la aventura, aunque para ello debían darse ciertas condiciones que casi solo se hallaban habiéndolas buscado. También existía la posibilidad de perder la partida en caso de que el reactor nuclear de la mansión hiciese explosión, lo que obligaba al jugador a tener que moverse con cuidado antes de dar cada paso. Sin embargo, se estaban formando los cimientos para la forma definitiva posterior que culminó en la segunda parte *Day of the Tentacle* (1993), con riesgo nulo.

En su gran entrega, *Indiana Jones and the Last Crusade: The Graphic Adventure* (1989) existe también un riesgo, pues es la adaptación de una película de acción, y no existe tal sin un componente de peligro. Indiana puede perder cualquier pelea contra cualquier soldado nazi o la vida en las pruebas del templo si el jugador no es lo suficientemente habilidoso. El componente de juego se entremezcla con el de una aventura que ya conocemos traduciendo a píxeles las imágenes cinematográficas conocidas por casi todos.

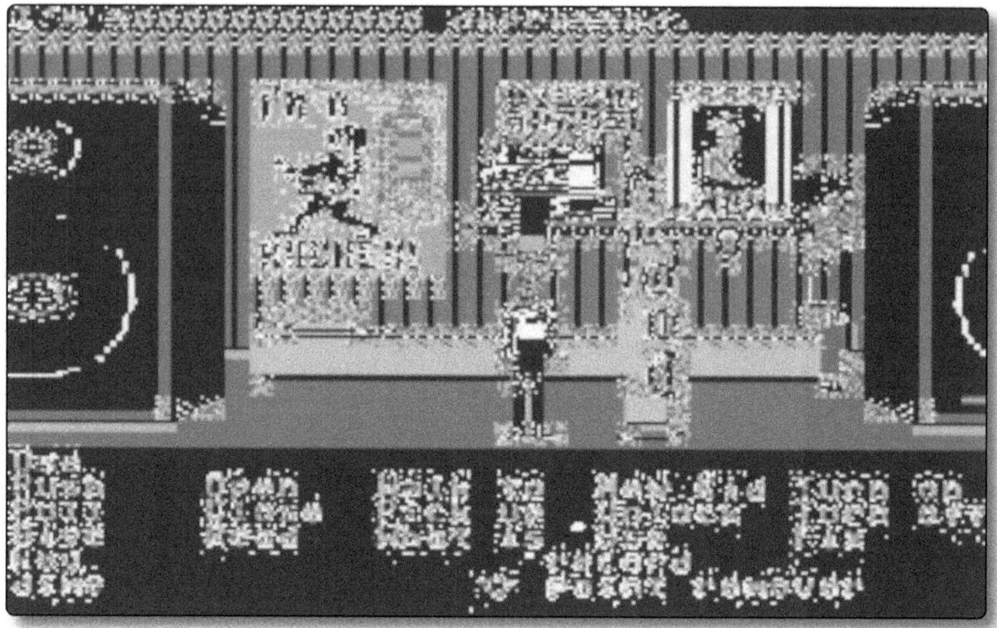

Figura 5.3. Bernard Bernoulli (en el centro) y Dave Miller (a la derecha) charlando con el tentáculo verde en *Maniac Mansion* (1987), juego para el que se originó el motor SCUMM (Script Creation Utility for *Maniac Mansion*).

Esta sensación de peligro constante forma parte de la esencia de un juego pues en todo juego existen los estados de ganar o perder (de lo contrario no es un juego), pero con el tiempo, al llegar 1990 con *The Secret of Monkey Island,* todo cambió en los juegos de aventura. Se centró todo el desarrollo en el argumento, lineal únicamente, en donde solo podían ocurrir los eventos de una única manera y, mientras tanto, todo permanecía estático. No importaba cuánto tiempo tardase el jugador en resolver un puzle ni importaba siquiera qué intentaba, pues no había forma de perder la partida, solo de «pausarla» quedándose atascado. En pocos años, el concepto de juego cambió, su *ludos* se modificó. Se pasó del riesgo del indeterminismo a la seguridad del determinismo. Recordando el *ludos* para el jugador-espectador, «en los juegos dirigidos al jugador-espectador, el *ludos* se basa en conseguir un estado que permita proseguir con la trama».

A medida que pasaron los años, la aventuras simplificaron el motor de juego en su parte interactiva reduciendo las posibles decisiones del jugador. En contraposición a la gran variedad de expresiones y acciones que se podían expresar en los juegos de Sierra —que, aunque se tratase del mismo número, su desconocimiento los convertía en infinitos en la mente del jugador—, una lista de verbos posibles se mostraba en pantalla de manera perpetua indicando las posibles formas de interactuar con el entorno. Lo que antes era una caja vacía llena de posibilidades casi infinitas a ojos del jugador-percutor ahora se mostraba como un conjunto fijo de órdenes que reducía todas aquellas posibilidades a un simple puñado, más claro y determinista, pues se entendía que había contemplado una respuesta para cada verbo, pero más escaso. En las aventuras anteriores, cuando la ilusión de infinitas posibilidades, aunque se supiese que no todo lo introducido fuese a ser computado correctamente, solo venía auxiliado por un pobre manual de instrucciones con unas pocas decenas de verbos de ejemplo y dejando entrever que había más, muchos más.

Figura 5.4. *Indiana Jones and the Last Crusade: The Graphic Adventure* (1989), donde el Dr. Henry Jones Jr. busca la entrada secreta a las catacumbas en la biblioteca de Venecia.

Eran juegos cuyo *ludos* se basaba en la exploración, no en la recompensa o, mejor dicho, esta no venía dada en forma de puntos o a modo de un premio preestablecido por los desarrolladores, esta se cristalizaba en la satisfacción de poder continuar la aventura pese a todos los obstáculos que se configuraban para estancarla. El riesgo, como decíamos, era un pilar elemental. El hecho de que la partida pudiese alcanzar un estado de fracaso (a veces incluso sin haberla terminado y en pleno desconocimiento del jugador, como en las aventuras de Sierra) obligaba a que la exploración se desarrollase con cautela, teniendo para ello que olvidarse de usar indiscriminadamente la técnica de ensayo y error para llevarla a cabo de una forma metodológica, para ello dibujando mapas, intercambiando información con otros jugadores, saliéndose del argumento principal para buscar pistas en lo que parecen elementos secundarios del decorado.

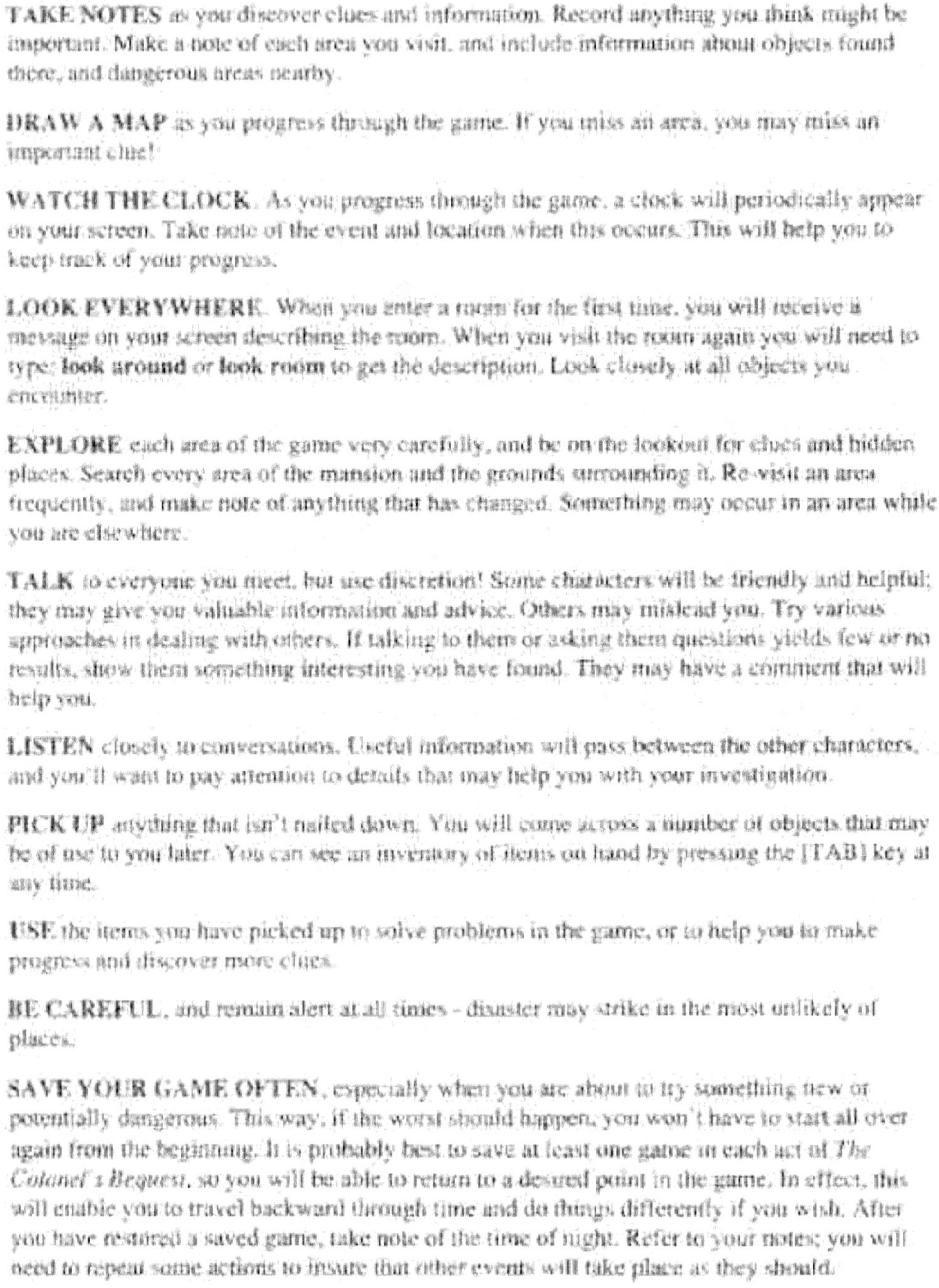

TAKE NOTES as you discover clues and information. Record anything you think might be important. Make a note of each area you visit, and include information about objects found there, and dangerous areas nearby.

DRAW A MAP as you progress through the game. If you miss an area, you may miss an important clue!

WATCH THE CLOCK. As you progress through the game, a clock will periodically appear on your screen. Take note of the event and location when this occurs. This will help you to keep track of your progress.

LOOK EVERYWHERE. When you enter a room for the first time, you will receive a message on your screen describing the room. When you visit the room again you will need to type: **look around** or **look room** to get the description. Look closely at all objects you encounter.

EXPLORE each area of the game very carefully, and be on the lookout for clues and hidden places. Search every area of the mansion and the grounds surrounding it. Re-visit an area frequently, and make note of anything that has changed. Something may occur in an area while you are elsewhere.

TALK to everyone you meet, but use discretion! Some characters will be friendly and helpful; they may give you valuable information and advice. Others may mislead you. Try various approaches in dealing with others. If talking to them or asking them questions yields few or no results, show them something interesting you have found. They may have a comment that will help you.

LISTEN closely to conversations. Useful information will pass between the other characters, and you'll want to pay attention to details that may help you with your investigation.

PICK UP anything that isn't nailed down. You will come across a number of objects that may be of use to you later. You can see an inventory of items on hand by pressing the [TAB] key at any time.

USE the items you have picked up to solve problems in the game, or to help you to make progress and discover more clues.

BE CAREFUL, and remain alert at all times - disaster may strike in the most unlikely of places.

SAVE YOUR GAME OFTEN, especially when you are about to try something new or potentially dangerous. This way, if the worst should happen, you won't have to start all over again from the beginning. It is probably best to save at least one game in each act of *The Colonel's Bequest*, so you will be able to return to a desired point in the game. In effect, this will enable you to travel backward through time and do things differently if you wish. After you have restored a saved game, take note of the time of night. Refer to your notes; you will need to repeat some actions to insure that other events will take place as they should.

Figura 5.5. Página del manual de *The Colonel's Bequest* (1989), aventura desarrollada por Roberta Williams y publicada por Sierra On-Line, donde se insta al jugador a llevar un ludos exploratorio.

Los juegos de Sierra cambiaron con la llegada del motor SCI1 a una interfaz de ratón con el lanzamiento de *King's Quest V: Absence Makes the Heart Go Yonder!* (1990). Llevando el puntero a la parte superior de la pantalla se accedía a los controles del juego. Aparte de los iconos de configuración se encontraba el inventario, el último objeto seleccionado y los cuatro glifos representativos de las aventuras gráficas: unas piernas para desplazar al personaje, unos ojos o una lupa para examinar, una mano para manipular objetos y una boca o similar para hablar, cantar, etc. Hubo que esperar a *Full Throttle* (1995) para que LucasArts hiciera lo mismo. Para cuando llegaron estas versiones más recientes, se redujeron los verbos solo a tres tipos de acción en forma de iconos, al estilo de Sierra: examinar; vocales, como hablar, soplar, cantar, etcétera; y utilizar u operar, para todo lo demás. Añadiendo esto al hecho de que el riesgo es siempre mínimo, la narrativa tiene el papel protagonista y es la única tarea del jugador la de hacerla avanzar por medio de las combinaciones adecuadas de teclas y clics. Si no existe el concepto de fracaso, no existe el concepto de juego, al menos, no en términos tradicionales, por eso es necesario comprobar que el juego sí existe, pero en términos de recompensa narrativa. La aventura no prosigue a menos que se haga lo adecuado para ello, y una vez que se procede con éxito, se recompensa al jugador con un breve segmento nuevo para luego detenerse una vez más.

Figura 5.6. Primera escena de *Les Voyageurs du Temps: La Menace* (1989) en su versión en inglés, con un menú emergente de acción donde los verbos ya están dispuestos de manera reducida, previo del método que posteriormente LucasArts utilizaría en sus aventuras.

Al margen de las andaduras de estas dos grandes compañías estadounidenses, mientras tanto, en Europa, Delphine Software desarrolló su motor de juegos de aventura, Cinematique. Utilizaba una interfaz no muy diferente a la de interacción con sistemas gráficos como Windows, lanzando un menú emergente haciendo clic con el botón derecho y moviendo al personaje protagonista con el botón izquierdo. Todas las opciones, tanto del juego como programa para cargar o guardar el estado de la partida estaban en un menú dedicado reservando otro solo para interactuar con el entorno examinando objetos, utilizándolos o combinándolos. Se utilizaba el mismo estilo simplificando la interfaz y llevando ambos ámbitos de control al mismo nivel. La única diferencia visual entre estos dos menús radicaba en el uso estricto de mayúsculas para las acciones durante la aventura, y las minúsculas para las operaciones de partida. Es decir, se dividían la interfaz de control en un menú para el personaje y otro para el jugador.

Las órdenes se iban construyendo en una línea inferior que recordaba a la que Sierra utilizaba para escribir con la salvedad de que, en este caso, a golpe de clic se elegían los verbos predispuestos del menú. Esto resultaba en decorados a pantalla completa permitiendo escenarios más amplios que los de las aventuras clásicas de verbos de Lucasfilm Games, mientras simultáneamente se ofrecía una interfaz rústica de lo que después sería el menú de tres acciones que LucasArts utilizaría. Su motor se mejoró, tanto visual como técnicamente, en producciones posteriores, primero en *Operation Stealth* (1990) y después en *Cruise for a Corpse* (1991), pero sin que perdiese su esencia. Aun así, puede entenderse como pionero en el uso del ratón para los juegos de aventura, y habiendo pasado desapercibido por LucasArts o Sierra, o habiendo podido ser fuente de inspiración, lo cierto es que estos dos grandes siguieron un camino similar.

Se observaba una constante en estas dos compañías ya mencionadas. Mientas que en cada entrega Sierra, sin dejar de utilizar su paradigma original, alteraba las capacidades de la interfaz para adaptarlas al argumento y a las habilidades de los personajes protagonistas, Lucasfilm Games adaptaba estos elementos a una interfaz cada vez más estandarizada. De esta forma, en aventuras como *Codename: ICEMAN* (1989) de Sierra se puede (y debe) utilizar la terminología militar en el ámbito de los submarinos, y por el contrario no funcionan comandos como `arrest`, `transmit`, `deal` o `submit`, válidos en *Police Quest: In Pursuit of the Death Angel* (1987). En otras palabras, Sierra adaptaba la interfaz a la trama, mientras que Lucasfilm desarrollaba un argumento sobre una interfaz única que operaba a modo de plantilla fija. Es por esto que el motor de Sierra, al contrario que la creencia popular, disponía de análisis sintáctico o interacción con ratón en función del código interno, y no del propio motor. Juegos como *King's Quest V: Absence Makes the Heart Go Yonder!* (1990) y *Quest for Glory II: Trial by Fire* (1990) fueron ambos realizados con el motor SCI1, pero se comportan de forma completamente distinta. En el primero se adaptó la interfaz al uso de ratón mientras que en el segundo se mantuvo la misma que en la entrega previa.

Los años de experimentación de Lucasfilm Games en lo que a las aventuras gráficas concierne terminaron pronto en cuanto hallaron un método intuitivo que pudieron fácilmente replicar. Lo que puede parecer ser un método para no desconcertar al jugador (percutor y espectador) por parte de Lucasfilm Games se puede comprender como el establecimiento de un repertorio fijo que se utilizaba como fórmula para cada uno de sus productos. Cuando estos debieron ser modernizados, la fórmula se adaptó a los nuevos tiempos, pero siempre siendo una y única. En los juegos de Sierra, su repertorio era dinámico. Podría decirse que, con la salvedad de aquellos parámetros fijados por la naturaleza del propio motor, todo estaba en continuo cambio siguiendo las necesidades del producto considerado como una obra. Se desprende de aquí que los desarrolladores de Sierra eran en su mayor parte disposicionales, en la medida de lo que la tecnología les permitía.

Con respecto a los juegos de acción, el realismo fue *in crescendo* en cuanto se podía hasta llegar ser indistinguible del cine. Las interacciones del jugador-percutor están entrelazadas con lo cinematográfico, los estados de éxito y fracaso se mantienen tradicionales a los de un juego analógico y el riesgo forma parte de ello. En eso precisamente consiste la *percusión*, en hacer frente al riesgo para alcanzar el estado de éxito. Cuando no se actúa, en lugar de la inacción y estatismo de los videojuegos de aventura más tardíos, sí existe moción, la de aquellos que forman parte del riesgo, ya sean representaciones de enemigos, la gravedad o la misma lucha contra tiempo. Para hacer frente a estos obstáculos es necesario contar con cierta habilidad en vez del ingenio requerido en las de aventura, que se basa fundamentalmente —jugando de la manera pretendida— en atar cabos y resolver rompecabezas. Esta necesidad de habilidad se da por sentada en los juegos principalmente dirigidos al jugador-percutor (entiéndase en los géneros de acción, plataformas, *RPG*, *FPS*, etc.) y en ello se basa su *ludos*. Por el *ludos* para el jugador-percutor, como se ha dicho, «en los juegos dirigidos al jugador-percutor, el *ludos* radica en la habilidad requerida para alcanzar los sucesivos estados de éxito».

6

GLOBALIZACIÓN E INTERNACIONALIZACIÓN

6.1 ESTÉTICA VISUAL

En el caso de Sierra, a mediados de los años noventa trataba de dar un impulso más internacional a sus aventuras. Como las primeras estaban basadas en un analizador sintáctico, esto es, tecleando órdenes, los únicos lugares del mundo donde podían ser distribuidas eran los países anglosajones. Por otra parte, el estilo *point & click* de Lucasfilm Games hacía mucho más sencilla la traducción a otros idiomas: solo era necesario cambiar el texto de los diálogos y los nombres de los verbos donde se hacía clic, pero el juego internamente permanecía intacto.

Esto llevó a Sierra a reescribir casi todos sus juegos adaptándolos a un formato más cercano al internacional ratón, ya que el clic es idéntico en todos los idiomas en contraposición al teclado dependiente de cada lenguaje. El problema fundamental es la pérdida de todas las infinitas posibilidades de elección de qué teclear por parte del jugador, que se veían relegadas indiscutiblemente a hacer clic en el lugar correcto, justo como había hecho Lucasfilm Games. Se mantenía el riesgo en Sierra, pues todos los elementos que hacían que la partida se perdiese seguían allí, pero era diferente la forma de encontrarlos. Ambas compañías diseñaban ahora pensando más en el jugador-espectador y mucho menos en el jugador-percutor. El estilo artístico de Sierra siempre había sido pixelado por no poder aumentar la resolución en una época donde los gráficos eran escasos. También lo eran los colores, estamos hablando de la época EGA de 16 colores por pantalla, poco antes de la VGA, que permitía hasta 256 colores por pantalla. Estas limitaciones obligaban a desarrollar escenarios utilizando complejas técnicas de diseño gráfico muy creativas, forzando una aproximación de la creatividad al desarrollo técnico. Pero pese a su necesidad de dibujar píxeles, trataba de conseguir que fuesen lo más específicos posibles, acercándose lo máximo a la realidad. Ídem para Lucasfilm Games. Las proporciones siempre eran acordes con lo que se podía esperar.

En las redistribuciones de las aventuras de Sierra se mantuvo esa coherencia en las formas a pesar de haber reconstruido por completo el programa, y con él, cada gráfico, por lo menos al principio. Salvo en las licencias que se tomaba al representar elementos fantásticos, donde al no ser una entidad real se podían alterar los diseños de acuerdo con la imaginación de los artistas gráficos, el esquema era de estética repertorial, entendiendo esta como el de las medidas coherentes y formas familiares. Incluso en diseños gráficos en una época donde era algo novedoso, el interés de estas compañías por mantener una estética tradicional, aunque con métodos innovadores, era patente. Pero esta internacionalización implicaba un cambio de estética para hacerlo más atractivo a otros mercados. Europa ya disponía de una considerable industria llena de títulos que habían acostumbrado a una audiencia y Sierra se debía intercalar en ella.

A mediados de los años ochenta comenzaron a llegar los videojuegos de otras partes del mundo al tiempo que España despegaba en su producción de *software* con compañías como Opera Soft, Topo Soft o Dinamic Software, entre otras, convirtiendo a este país en el segundo mayor productor después de Inglaterra. La estética de los juegos y su formato tan limitados por las plataformas como ZX Spectrum, Amstrad CPC y Commodore 64, distribuía juegos fundamentalmente de habilidad o plataformas, primero con la esperanza de alcanzar un público nacional numeroso, y luego de expandirse por otros países de otras lenguas. Con ello se tuvo que modificar la manera en la que la información era mostrada en pantalla. Los diálogos desaparecieron hasta lo más mínimo, y en general salvo para lo esencial, el texto fue eliminado.

De igual manera que al utilizar el descriptivo «cine francés» una persona es capaz de interpretar el tipo de cinematografía, discurso y personajes empleados, la expresión «videojuego europeo» resonó en Estados Unidos. En los juegos de mediados y finales de los ochenta, básicamente juegos de *arcade* que hoy se pueden considerar típicos de Spectrum, el único texto que aparecía durante la aventura era una secuencia lineal inalterable con la que el jugador no podía interactuar, solo leer, y el resto de la partida estaba dedicada a un jugador-percutor. Cuando Sierra llegó a Europa eliminó su analizador sintáctico y se convirtió a la nueva faceta del *point & click*, y siendo todavía las mismas aventuras que antes, pues eran casi todas versiones mejoradas (y reescritas) de las ya publicadas, la forma de interactuar se vio alterada por completo. Es decir, se modificó la estética visual para adaptarla a las nuevas corrientes más allá del Atlántico occidental, pero también modificó la audiencia a la que estaba dirigida. Un jugador de 1989 encantado e hipnotizado con las paletas de colores de su época y hechizado con la manera en la que la entrada de usuario por medio de combinaciones de frases y expresiones, verbos y adjetivos que surgían de su mente, alteraban el transcurso de la partida, no sería tan receptivo para ver la «belleza» de sus contrapartidas «mejoradas» y adaptadas a un público internacional. No a menos que solo le interesase el argumento, que era lo único que se había mantenido.

Figura 6.1. Roger Wilco de nuevo en la cantina de Ulence Flats en una nueva versión de *Space Quest I: The Sarien Encounter* (1991) con el motor SCI1, esta vez con los Blues Brothers, literalmente azules, en el escenario.

Figura 6.2. *Quest for Glory I: So You Want to Be a Hero* (1992) con un nuevo motor y orientado a una audiencia mayor y más internacional.

En esta época de transición entre gráficos muy pixelados a gráficos medianamente pixelados, Sierra buscaba mejorar el realismo en todos sus productos. Se quería explotar la magnificencia de las nuevas tarjetas gráficas y los múltiples colores que hasta ese momento eran impensables. El afán por querer llegar a más hogares llevando a los videojuegos de Sierra a retirar del esquema de juego el análisis sintáctico y reduciéndolo al clic se compensaba con la calidad visual que por entonces solo podía ser mostrada en secuencias cinemáticas intercaladas durante la partida y no durante el tiempo de juego activo. En versiones posteriores para CD-ROM se incluyeron también voces de doblaje para complementar la aventura. Era la evolución lógica en los videojuegos para el jugador-espectador en su transición a ser más narrativos y menos percutores.

LucasArts no se quedó atrás. Aprovechando el impacto que sus obras han tenido durante los años noventa, ahora con su vigésimo aniversario relanzó todos sus grandes éxitos adaptándolos a las tecnologías modernas, pero no del todo. Añadió nuevos efectos de sonido y también voces dadas por actores de doblaje, pero lejos de adaptar la estética buscada anteriormente hacia un realismo absoluto, como se mostraba originalmente en las carátulas y pósteres de la época, se adaptó a un esquema más caricaturesco con el tiempo. Los rostros perfectamente delineados de los personajes originales que solo eran vistos durante los primeros planos a modo de imágenes estáticas debido a lo poco capaces que eran los coprocesadores gráficos de la época, se veían alterados de tal forma que no se distinguiesen de personajes de dibujos animados.

Figura 6.3. Cedric en *King's Quest V: Absence Makes the Heart Go Yonder!* (1990), desplegando la mejora en el desarrollo gráfico para las secuencias intermedias, donde el jugador no puede interactuar, solo ver, y en ocasiones, escuchar.

Aunque no cupiesen más que unos pocos cientos de píxeles en la pantalla, las medidas y proporciones de los personajes estaban dentro del marco realista. El no tan joven Guybrush Threepwood de *Monkey Island 2: LeChuck's Revenge* (1991) guardaba ciertas cuestiones caricaturescas para contadas ocasiones manteniendo así el ambiente cómico buscado, pero siempre dentro de un encanto realista. Los escenarios también eran de corte auténtico. No se veían esas construcciones posmodernistas donde la forma de los edificios sigue la misma tónica que la de los personajes para contar cuál es el cariz del mundo sin decirlo directamente ni de forma explícita. Este se extrapolaba del hilo argumental de la aventura.

En las reediciones de los clásicos se modificó esa estética, ni para mejor ni para peor, pero sí para acomodarse a una audiencia diferente. Asociamos lo caricaturesco a lo cómico y lo realista a lo dramático, aunque no sea siempre así, y los espectadores de hace una apenas una generación querían realismo porque las computadoras daban la imagen de querer superarse continuamente. La competencia en su industria se basaba en la calidad audiovisual que las marcas ponían a disposición de los usuarios, y esta, que se traducía en términos de «megas» o «nuevas tarjetas gráficas o de sonido» en el lenguaje coloquial, mostraban sus capacidades utilizando la estética del realismo como reclamo.

Con el paso del tiempo se invirtieron las estéticas utilizadas al ver que el realismo puro no interesaba tanto. En su lugar, lo que se vendía era capacidad de cálculo aplicado sobre la física. Los motores de simulación debían ser fidedignos para con la realidad, pero no así la estética utilizada. El pelaje de un animal debía moverse con el viento y ser capaz de transmitir su suavidad, pero este personaje de un juego (o una película realizada íntegramente por computador) tenía licencia para mostrarse tan caricaturesco como fuese preciso según se necesitase complementar el argumento y apariencia con elementos estéticos.

Es irónico ver que cuando las computadoras no eran capaces de mostrar gráficos más allá de marginados píxeles, se trataba de explotar al máximo el realismo y, en cuanto existe la manera de hacer representaciones (casi) indistinguibles de la realidad, eligen mostrar caricaturas. Esto se ve a lo largo de todos los juegos de aventura con el tiempo, que evolucionan de forma contraria a los juegos de acción. En otras palabras, cuando se diseña para el jugador-espectador se hace en términos cómicos porque al eliminar el factor realista, los personajes pueden ser más y hacer más de lo que la realidad misma nos dice que es posible, exactamente como los dibujos animados. Los juegos de acción, por el contrario, han ido aprovechando las capacidades gráficas hasta no ser distinguibles de la cinematografía contemporánea pues, aunque los héroes son capaces de transgredir las leyes físicas, sin tal realismo no existe riesgo, y por tanto no habría impacto ni catarsis en los espectadores. El riesgo se ha ido reduciendo de los juegos de aventura, como hemos dicho, para atraer a una audiencia espectadora, y como no hay riesgo nunca ya en este tipo de juegos, es posible alejar de la realidad todo lo posible la estética.

Vemos entonces una correlación entre estética y riesgo, o entre estética y *ludos*, ya que el riesgo forma parte de este. Cuando el *ludos* se basa en una recompensa puramente argumental, o lo que es lo mismo, estrictamente narrativa, la estética utilizada hoy en día, tiende a ser caricaturesca. Sin embargo, el recíproco de esta regla no parece necesariamente verdadero. Los videojuegos con un *ludos* no estrictamente narrativo como *Portal* (2007–2016) o *The Talos Principle* (2014), cuya recompensa es abrir nuevas pantallas; *Subnautica*[7] (2018) o *Stranded Deep* (2015a) basados en supervivencia y exploración; o *PlayerUnknown's Battlegrounds* (2017) o *Tom Clancy's The Division* (2016), perpetuadores del género *FPS*, buscan el realismo más absoluto en las cuestiones gráficas. Se suele mantener la caricatura para la aventura y las plataformas, y en ocasiones, los juegos de estrategia alejados del ámbito bélico.

Los nuevos videojuegos de supervivencia han de ser realistas porque requieren del riesgo, como los juegos de acción. El jugador no interactuaría igualmente con el entorno si no hubiese un peligro inminente. El *ludos*, en estos juegos, se sostiene sobre la premisa de subsistir y perdurar, esto es, una lucha contra el tiempo. Este realismo se traduce en un imponente motor físico que es capaz de

7. El principal lanzamiento de *Subnautica* fue en 2014 como acceso anticipado en Steam, aunque el lanzamiento oficial de su versión completa tuvo lugar en 2018.

imitar la realidad en todos los aspectos necesarios para una simulación del entorno que el jugador-espectador asocie al mundo que le rodea, y eso exige una estética, en todas sus vertientes, visual y auditiva entre otras, que conviertan la experiencia, no solo en un juego por el sentido de éxito y fracaso según las acciones del jugador-percutor, sino también en una mímesis de la realidad. No hay espacio para caricaturas y exageraciones en este tipo de juegos. El riesgo lo impide porque no puede existir con parodias, solo en la imitación de la realidad.

La audiencia que busca físicas reducidas como aquellas que encontramos en los juegos de plataformas, donde lo más importante son el rozamiento, la inercia y la gravedad, o en juegos donde el riesgo al personaje principal es mínimo, parece haber aceptado una estética caricaturizada que ayude a romper el posible vínculo que podría existir al hallarse en una situación de peligro. Esto permite también a los desarrolladores poner un tono diferente, hacer énfasis en otros aspectos narrativos o de desarrollo de personaje, o incluso contar la historia a través de medios puramente visuales.

Figura 6.4. Comparación de los diseños de Guybrush Threepwood y Elaine Marley en la versión de 1990 y de 2009 respectivamente, mostrando su cambio de diseño de más realista a más caricaturesco, de *The Secret of Monkey Island.*

Estos medios gráficos toman el papel opuesto en los juegos más realistas. Es precisamente porque existe un riesgo que precisa de una estética acorde con las forma, medidas, tamaños y distancias reales, para así ser más consciente del peligro, para verlo y sentirlo más como una amenaza que como un elemento ornamental. Es el caso opuesto donde los gráficos complementan a la historia definiendo el entorno.

Las aventuras tradicionales como LucasArts, al reeditar sus productos originales, tomaron este enfoque como un estándar. Esta técnica se convirtió en repertorial, y fue este el repertorio que transformó lo que una vez soñaba, quizá, con mostrarse de manera fotorrealista.

La audiencia de la nueva versión es un compendio generacional. Es un objetivo dual: por una parte, se trata de apelar a los que vivieron el juego por primera vez, décadas atrás, pero por otra se intenta atraer a la nueva generación. Para esta última, los diseños no pueden estar tan envueltos en píxeles, pues este estilo se reserva para una estética de la que luego hablaremos, basada principalmente en apelar a la nostalgia, y para esto es preciso haber hecho un vínculo con un tiempo pasado, algo que solo puede ser conseguido a través del tiempo. El sector de audiencia más joven todavía no ha desarrollado un apego por el pasado porque están construyendo el suyo propio en su presente actual, por eso es necesario utilizar una estética por la que se sientan atraídos, que coincide con aquella que forma parte de la literatura infantil y programas televisivos, esto es, la caricatura.

Con respecto a la audiencia antigua movida por la nostalgia y otros factores sentimentales, la mejora no puede implicar una destrucción de lo previamente construido. Ha de mostrarse como una evolución natural. Con seguridad, *Monkey Island* tendría un diseño gráfico muy diferente de haber sido un producto contemporáneo, suponiendo que los videojuegos de aventuras tuviesen todavía una cota de mercado como lo tuvieron en su edad dorada. El mover por un papel tapiz estático un personaje plano medianamente animado con *sprites* no es una técnica que represente fundamentalmente el siglo XXI. Dadas las herramientas de las que disponemos hoy en día que simplifican el trabajo de sobremanera, utilizar las técnicas de antes solo se justifica por motivos personales del desarrollador, sean sentimentales al rememorar una época anterior, o por el perfeccionismo implícito en la recreación de un facsímil o verse inspirado por un original antiguo.

Las nuevas estéticas de los videojuegos que se relanzan son, por tanto, caricaturescas, pues estas realizan una función múltiple: se adaptan a una nueva audiencia acercándose a formas más contemporáneas a la vez que mantienen el vínculo con la antigua, y sirven de complemento a los factores narrativos que tanto ayudan al desarrollo de la trama. Siendo personajes ya conocidos en estos relanzamientos, poco hay que contar de ellos, pero precisamente porque ya los conocemos y ya sabemos todos los entresijos de su personalidad, estos no parecen nuevos. La nueva estética que estiliza la figura de Guybrush o la animación de sus andares, que redondea el rostro de Elaine o que acentúa los trazos que delinean a LeChuck, solo son elementos que reafirman lo que ya conocíamos de estos personajes, pero ayudan a la recién llegada nueva generación a conectar con ellos de una manera más rápida y efectiva, al tiempo que se apela a un estilo conocido y familiar.

Con todo, no ha sido un cambio brusco. La evolución estética está íntimamente relacionada con el perfeccionamiento tecnológico. No hubo un salto directo entre la apariencia de Guybrush desde 1991 hasta 2009, sino que se experimentó a lo largo del tiempo durante todas las entregas que hubo entre medias. Durante los noventa y principios del siglo XXI las tres dimensiones eran sinónimo de avance técnico, y aunque todavía en desarrollo, se llevó al ámbito de los videojuegos, como era de esperar.

Figura 6.5. Evolución del aspecto de Guybrush Threepwood a través de todas las entregas de la serie *Monkey Island* (1990–2010) donde se aprecia la evolución tecnológica en relación a su apariencia estética. Las dos imágenes de la derecha corresponden a las ediciones especiales del vigésimo aniversario (2009 y 2010), relanzamiento de las dos primeras (1990 y 1991), más a la izquierda.

Es por eso que vemos un Guybrush tridimensional en un ambiente análogo que repercutieron directamente en la manera en que el jugador interactuaba con los personajes. Al nacer las tres dimensiones nacieron también las cámaras, que tomando prestados elementos del séptimo arte, se utilizaban para dotar de más importancia a elementos del entorno siempre sin perder de vista el protagonista en la escena. Juegos como *Grim Fandango* (1998) de LucasArts permitían, en esta época un tanto transicional y otro tanto experimental, alternar entre un movimiento más del repertorio clásico, moviendo al personaje con respecto a la cámara, o «estilo tanque» (*tank-like*) que impedían los giros a la vez que el avance, llamado así por recordar al movimiento de vehículos en juegos de carros de combate.

La cuarta entrega de las aventuras del pirata Guybrush, *Escape from Monkey Island* (2000), utiliza el motor GrimE (*Grim Edit*), sucesor de SCUMM, dando el salto a las tres dimensiones. En lugar de apuntar y cliquear con el ratón, se utiliza el teclado para manejar al personaje de forma similar a un juego de acción. Este cambio de entrada de usuario provoca que la estética se modifique también, pues al no requerir escanear con la vista los puntos susceptibles de ser cliqueados sobre un fondo fijo, estos no tienen por qué ser destacados de una manera especial, y pueden mezclarse con el resto del mapa, toda ella en tres dimensiones iluminando aquello interactivo si se pasa cerca. Con esto se consigue un diseño más homogéneo que permite más libertad a la hora de trabajar los escenarios. Sin embargo, el diseño se vuelve cada vez más caricaturesco precisamente por lo ya dicho. Ya desde la tercera entrega, *The Curse of Monkey Island* (1997), se exageran el peinado de Guybrush y su barbilla, así como su estilizada figura y postura. Finalmente, en 2009 y 2010 se rediseñan las dos primeras entregas que hicieron famosa a la serie, esta vez con gráficos de aspecto bidimensional. Fue el final de la experimentación técnica con *Monkey Island*, que como decíamos, para complacer a ambas audiencias de ambas generaciones, encontrándose el equilibrio entre las dos estéticas: la tradicional del antiguo repertorio limitado por la tecnología del momento, y el más nuevo, de estas caricaturas detalladas que no desentonaban tanto con la progresiva evolución del diseño del personaje.

No se trataba de un rediseño sino de una secuela de *Maniac Mansion* (1987) la que a principios de los noventa retoma los puzles de aventuras a ser resueltos en cooperación de varios personajes, esta vez a través del tiempo. El protagonista principal en *Day of the Tentacle* (1993) es Bernard Bernoulli, ya conocido de la primera entrega que, aunque fuese en aquel entonces un personaje opcional, era uno de los más conocidos por ser el que más habilidades técnicas podía realizar haciendo así más fácil solventar los puzles en la aventura.

Figura 6.6. Evolución del aspecto de Bernard Bernoulli en la saga *Maniac Mansion* (de 1987 la de la izquierda y la central, y de 1993 la de la derecha en *Day of the Tentacle* cada vez más caricaturizado.

Los gráficos de *Maniac Mansion* estaban en la primera etapa del motor SCUMM y por tanto eran muy limitados por las capacidades gráficas computacionales y dependían también de las capacidades de las plataformas, así, los gráficos en *Maniac Mansion* para Apple II se notaban un tanto menos detallados que la versión para PC. Se optó, dada la temática argumental, por implementar cierta caricaturización, pero no tan exagerada como las que se ven en la secuela. En esta, sobre todo, en las animaciones de los personajes reaccionando a eventos violentos, se ven sus cuerpos deformados para adaptarlos al movimiento, la gravedad o sencillamente las necesidades narrativas de acuerdo con su desarrollo y personalidad. La caricatura se llevó más allá del aspecto hasta el movimiento, lo que implicaba que esta abarcaba también las leyes físicas que rigen el universo digital en estos juegos. El dinamismo se expresaba mediante caricaturas de las normas que rigen nuestra realidad. Y es que la caricaturización no afecta solo a los personajes, sino también a las leyes que rigen el universo que habitan, que no han de ser fijas o, si lo son, su firmeza se sostiene sobre su capacidad de adaptación a las circunstancias que rodean a los protagonistas.

Esta tendencia a caricaturizar no era exclusiva de LucasArts. Sierra tendió a mantener una estética basada en las formas esperadas y en consecuencia con la realidad, pero en todas sus aventuras los protagonistas son grandes héroes. Ya sea la familia real de *King's Quest* como el Sir Graham, futuro rey de Daventry, y su descendencia, Alexander y Rosella; el protagonista sin nombre de la saga *Quest for Glory*; el mismo rey Arturo en *Conquests of Camelot: The Search for the Grail* (1989) o Robin Hood en *Conquests of the Longbow: The Legend of Robin Hood* (1991), los personajes tienen que ofrecer un aspecto heroico en un ámbito serio, aparte de la breve comedia que pueda existir narrativamente en los alrededores de estos protagonistas. No es el caso de los protagonistas de LucasArts como Sam y Max, Bernard, Grim o Guybrush, que son héroes cómicos.

Pero en cuanto a los personajes del arquetipo de antihéroe como Larry, Sierra también siguió el mismo patrón con sus series y los pixelados ángulos de sus personajes de aventura también se tornaron más al estilo de un dibujo animado. Y al igual que se ha dicho en párrafos anteriores, la caricaturización se extendía también al entorno. Pero en estas aventuras, los personajes que no eran importantes para la trama, sino las imponentes mujeres que el protagonista trataba de seducir, aunque con un estilo de ilustración o de dibujo animado —en especial en la séptima[8] entrega, *Leisure Suit Larry: Love for Sail!* (1996), exhibidas con un aire que recordaba a la estética de Disney—, mantenían sus formas y dimensiones correctas, sin exageraciones ligadas a su dinámica o personalidad.

8. Aunque se conoce como *Leisure Suit Larry 7* es, en realidad, la sexta entrega, debido a la inexistencia de una cuarta parte conocida humorísticamente como *Leisure Suit Larry 4: The Missing Floppies*.

Figura 6.7. Evolución del diseño de Larry Laffer. Para cuando se lanzó la nueva versión en VGA de *Leisure Suit Larry in the Land of the Lounge Lizards* (1991), Larry tenía una enorme cabeza y exagerada sonrisa alejándolo de una posible interpretación realista que las versiones originales trataban de ofrecer con sus píxeles.

Al ser una aventura cómica se mostraba el contraste entre Larry, una caricatura, con sus objetivos, atractivas mujeres de dimensiones perfectas y formas exactas y naturales (en su mayor parte) para generar todavía un mayor contraste. Aquí, la estética es selectiva. Si bien es cierto que todos los componentes de ese mundo, personajes, objetos y decorados, comparten un estilo semejante, lo caricaturizado se reservaba para lo superfluo o lo ligado al protagonista, haciendo de esta manera que, indirectamente, el jugador-espectador clasificase a Larry como elemento prescindible de ese mundo, es decir, también superfluo. Esto influye al jugador-actor para ponerse en la piel del protagonista buscando imposibles y fracasando en todos sus intentos, sintiendo la frustración del personaje, pero de ningún modo como jugador.

Recientemente, se lanzó en 2015 *King's Quest*, desarrollada por The Odd Gentlemen y publicada por Activision bajo la marca Sierra Entertainment para PlayStation 3, Xbox, y MS Windows treinta y dos años después de la primera entrega. No es, sin embargo, una reedición *per se*, sino una «re-imaginación», término utilizado por Tim Burton cuando dirigió *Planet of the Apes* (2001), mucho antes de convertir en cotidianos los términos *remake* o *reboot*. Y aquí, en la contemporaneidad, sin perder el realismo de las formas conferidas a los héroes y al entorno, se trabaja con una estética cercana, de nuevo, a los dibujos animados. Es un realismo mitigado con ilustraciones cuidadas, pero levemente caricaturizado al fin y al cabo. Y, aun así, lejos de una parodia, las animaciones, dimensiones y rasgos no se alejan de lo real.

Los evidentes y manifiestos píxeles eran obligatorios en los primeros años del desarrollo de videojuegos porque era imposible trabajar sin ellos. Solamente cuando se disponían mínimas o nulas animaciones en pantalla, sustituyendo el juego y usando tal recurso con fines puramente narrativos, entonces se podía regresar a la estética buscada que, sin duda, sería la utilizada durante toda la aventura de ser posible. Igual que ocurre hoy con los videojuegos de acción, en especial con aquellos en primera persona (*FPS*) que, buscando el realismo por la necesidad de este, se convirtieron casi en películas bélicas interactivas.

Los juegos de aventura, por el contrario, eligieron el camino opuesto. En lugar de acercarse a la realidad según se disponían de las herramientas que hacían esto posible, se acercaron al nivel cómico, impuesto seguramente por la necesidad de retirar la seriedad que la comedia que rodeaba a estas aventuras. Cuando se trataba de algo menos cómico y más activo, como las aventuras gráficas de Indiana Jones, aunque el motor era el mismo que en otras aventuras de LucasArts, el tono aventurero primaba sobre la estética burlesca. Pese a que el riesgo no era un componente tan importante como en los juegos de acción estricta, pues eran aventuras gráficas donde el mayor riesgo era quedarse atascado, no se podía evocar la película sin apelar, aunque solo fuese un poco, a la estética visual de la pantalla. Si se reeditan en un futuro próximo las aventuras gráficas de Indiana Jones, se hará tratando de explotar la imagen, más realista y menos caricaturesca.

No son solo cuestiones narrativas y activas las que definen como sustituto de la realidad algo parecido a las caricaturas animadas. También influyen precisamente los motivos mercadotécnicos. Así es posible atraer a la audiencia más joven, más influenciable. Pero curiosamente no genera en ellos el cambio que generó en la generación anterior, porque se deja entrever, de soslayo, que algo falta. Cuando las versiones originales de estos juegos cayeron en manos de los primeros espectadores —que no buscaban más que *ludos* y se encontraron con algo más—, llegaron en forma inédita y novedosa, pues no existía en los repertorios nada similar. Era un trabajo disposicional, y los programadores y desarrolladores de la época debían marcar un antes y después, tanto en lo estéticamente visual como en lo algorítmico e ingenieril (esto es, con ingenio) para conseguir que computadoras limitadas llevase a cabo tareas para las que no habían sido concebidas.

Es por esto que se inspiró el desarrollo computacional y de requisitos técnicos, aumentando equipos de producción y en base a estudios de mercado presentar más productos. En cuanto esta parte disposicional fue acaparada por el repertorio industrial y mercadotécnico, alteró la estética y simplificó la irresistible e ingeniosa interfaz con el fin de generar más ventas. Sin embargo, vemos que tanto las aventuras tradicionales (su narrativa), como sus bandas sonoras (su música), sus diseños originales (sus gráficos) y sus puzles primigenios (su *ludos*) generaron un cambio social sin necesidad de pasar por el mercado. Es por eso, quizá, que fue una época dorada en la producción de juegos de aventura. Cuando uno de estos videojuegos, concebidos como obras de arte, salió al mercado a mediados o finales de los ochenta, la falta de un halo mercadotécnico y la capacidad de elección del jugador (como espectador) sin verse sobrecogido con la variedad mercadotécnica actual, permitieron tal conexión. Es ese cambio lo que facilitó la nostalgia que derivó en recuperar la estética original cuando dicha generación dejó de ser consumidora (y espectadora) para convertirse en productora a través de los videojuegos que llamamos independientes (o *indie*).

En los videojuegos destinados al jugador-percutor siempre se buscó realismo y esa complacencia con la naturaleza, tanto en aspecto visual como en el perfecto obedecimiento de las leyes físicas lo que los define. Su único punto de fantasía es aquel que permite sobrevivir a golpes y disparos letales para cualquiera, pero esto es lógico, pues no se maneja a personas, se maneja a héroes, y estos son sobrehumanos por mucho que se disfracen de ellos. Por esto, entregas como la serie *Syndicate* (1993–1996) o el mítico *Commandos: Behind Enemy Lines* (1998), ambos con perspectiva isométrica, guardan las apariencias en conformidad con la naturaleza, es decir, de proporciones realistas.

Solo cuando la física no tiene sentido y se escapa a toda ley conocida, o cuando el riesgo se impone a través de una lucha contra el tiempo o una fuerza determinada, puede regir la caricatura, como en las infinitas entregas de *Super Mario* (1985–2017) o de *Sonic the Hedgehog* (1991–2017).

6.2 ESTÉTICA MUSICAL

A la estética musical le ocurrió lo mismo que a la visual. Los sonidos que podían combinarse para realizar melodías estaban administrados por un programa que disponía diferentes frecuencias y tiempos emitidas desde el altavoz interno hasta que se hallase la orden de fin. Los efectos de sonido no eran diferentes. La utilización del altavoz interno del PC requería ingenio y habilidad para convertir los pitidos en complejas melodías que evocasen alguna melodía o realizasen efectos que fuesen coherentes con lo que estaba sucediendo en pantalla. Una innovación en este campo se observa en la reproducción de las voces de los personajes en *Dark Seed* (1992) incluso con el altavoz interno del PC, aunque ya eran los últimos años de este medio como protagonista acústico debido a la proliferación de las tarjetas de sonido.

En las primeras versiones de las aventuras de Lucasfilm Games, caracterizados por un silencio la mayor parte del tiempo, se convertían en pasos o golpes metálicos al esgrimir una espada, para ayudar al jugador a una buena inmersión. Como las combinaciones eran limitadas debido a la familiaridad de las mismas notas, así como su mecánica, muchos de estos eran reciclados, como el expuesto en el hallazgo de ataúd de Sir Richard en *Indiana Jones and the Last Crusade: The Graphic Adventure* (1989) y el descenso de Guybrush por el cable que comunicaba la isla Mêlée con el archipiélago en *The Secret of Monkey Island* (1990). No obstante, lograron reproducir las melodías que dieron lugar a las bandas sonoras con una gran combinación de notas estratégicamente bien sincronizadas permitiendo escuchar una versión digitalizada del tema de John Williams en el primero, o innovar con la, ahora mítica, pieza introductoria de *Monkey Island* en el segundo.

Los sonidos en forma de música se integraban con la aventura. No solo se utilizaban solo para complementar la escena, sino que estaban asociadas, cada una, a cada personaje de una manera más clara. Michael Land compuso para los *Monkey Island* un tema para cada isla; otro para hacer referencia al malvado pirata fantasma LeChuck, igual que el tema imperial en *Star Wars*; un tema de amor para el encuentro Guybrush y Elaine.

También los juegos de Sierra destacaron mucho en este aspecto ya antes del motor SCI, utilizando para ello grandes melodías épicas que se fundían con la trama y servían a modo de introducción de los personajes. El ingenio desplegado para hacer de unos sencillos sonidos de altavoz interno una obra épica en *Space Quest: The Sarien Encounter* (1986) es admirable, y las variaciones del mismo tema a lo largo de la expansión de la serie con el tiempo, en perfecta armonía con el desarrollo de la tecnología incluyendo referencias musicales a las bandas sonoras de las series que parodiaban sin que se perdiese su esencia, todavía más.

Con la llegada del estándar MIDI (*Musical Instrument Digital Interface*) se revivió la música digital de los años ochenta y repercutió favorablemente en la industria informática, ya que las computadoras eran una forma viable para la producción musical digital. Este formato no guardaba la música en sí, sino la información acerca de cómo debía ser reproducida, reduciendo considerablemente el espacio de almacenamiento de las melodías antes de la llegada del CD-ROM. Las plataformas Apple II, Commodore 64, Amiga, Atari ST y el PC DOS fueron las primeras en incorporar el estándar. El Atari ST era preferido debido a que los conectores MIDI estaban integrados directamente en la computadora (Manning 2004). Se trató de perfeccionar la música hasta que, con el paso del tiempo, llegase a tener la misma calidad.

Uno de los grandes avances que trajo consigo *Monkey Island 2: LeChuck's Revenge* (1991) fue el uso del motor iMUSE. Cuando Guybrush se movía por Woodtick, en la isla Scabb, la música variaba cambiando los instrumentos y haciendo fluidas transiciones en los cambios de pantalla. Por el exterior, en la pantalla principal de este pequeño pueblo, suena la primera pista en un bucle. Cuando el personaje cambia de localización, los marcadores guardados en la información MIDI indican desde dónde continuar la melodía, previamente habiendo introducido una suave transición. Esta tecnología permitió un gran avance antes de la era donde el CD-ROM era predominante, siendo su concepción un éxito en términos de acercar una tecnología limitada hacia unas cotas muy superiores. Todo esto fue siendo sustituido por las pistas de audio de los nuevos medios digitales que se fueron rápidamente difundiendo por el mercado y cambiaron la industria. Ya no eran necesarios ingenios especiales para almacenar grandes cantidades de información en poco espacio porque el espacio ya no era problema. Con esto surgieron las bandas sonoras digitalizadas perfectamente, pues no había diferencia entre las pistas de audio de los discos compactos dedicados exclusivamente a la música solamente, que la utilizada por las computadoras para el mismo propósito. Con la aparición del CD-ROM se incluyeron pistas digitales de la misma calidad que la música convencional que utilizaba el mismo medio. Pero con el surgimiento de la cultura *retro*, los viejos sonidos, aunque estilizados, se reproducen ahora en los videojuegos *indie* complementando la antigua estética.

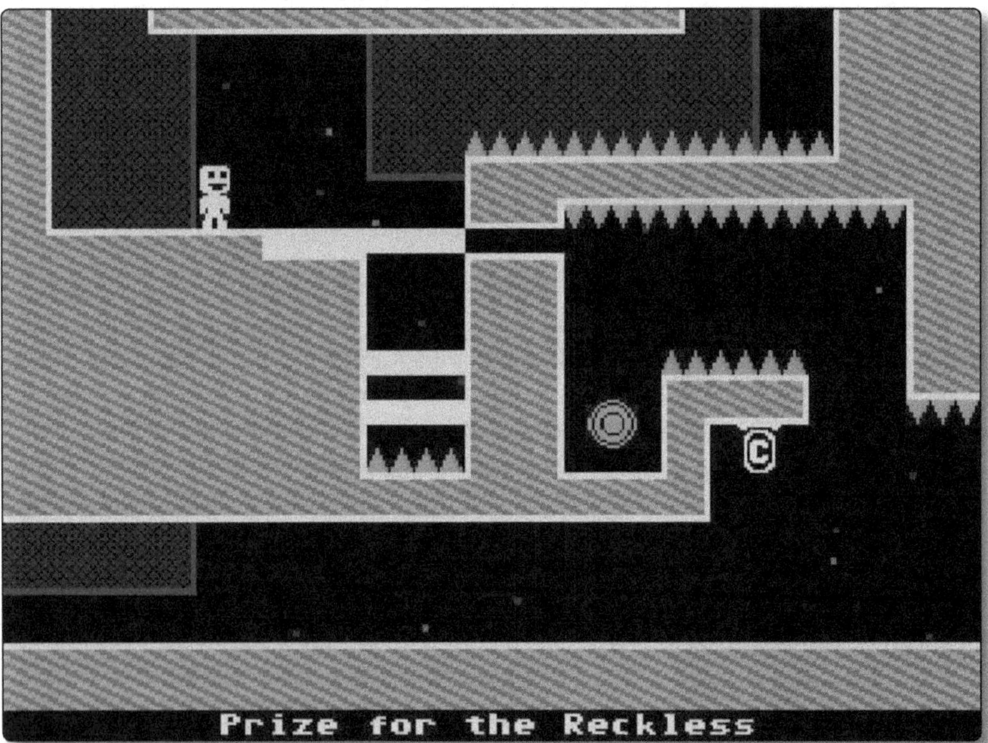

Figura 6.8. Estética *retro* que recuerda a los juegos de Atari en plano siglo XXI con *VVVVVV* (2010).

Es un claro ejemplo el juego *VVVVVV* (2010). La pantalla de carga hace referencia a las viejas interfaces coloristas de los Spectrum o Commodore 64, los gráficos son excepcionales en sus píxeles, y sus *chiptunes* compuestas por Magnus Pålsson (a veces llamada música de 8-bits) son tales que evocan otra época. La edad de oro de este tipo de música fue precisamente la década de los ochenta, origen también del género musical *rock metal*. No es de extrañar que la banda sonora de *VVVVVV* se le califique como *chiptune metal*.

Como los primeros videojuegos eran de reducido tamaño, tanto por una cuestión de *software* como del *hardware* en el que se distribuían disquetes de espacio limitado, los MIDI fueron los que hicieron factible que se pudiese incluir música sintetizada si el usuario disponía de una tarjeta de sonido. Fue precisamente con el desarrollo tecnológico cuando se pudieron incluir composiciones más complejas de música digital cuando la música comenzó a destacar siendo parte de la obra, complemento esencial, y no solamente una herramienta para suplir la carencia de sonido de darse su ausencia. La música en los videojuegos se convirtió en una manera más de innovar.

Hoy en día, en los juegos *indie*, no solo se pretende recuperar una estética visual tradicional que imite a aquella que las barreras tecnológicas obligaron a usar en su primer momento, sino que se extiende también al campo musical. Muchos artistas, también independientes, se dedican solamente a composiciones de este nuevo género que, irónicamente, no es tan nuevo. Lo que es verdaderamente novedoso es su incorporación al repertorio como especie no dependiente de otras áreas, como lo es ser complemento sonoro de una aventura narrativa o juego de acción. Y todo esto ha sido efecto de obras, entonces disposicionales en mayor o menor medida, que han sido aceptadas y abrazadas a través de la nostalgia, y por tanto del *nóstos* que produjo en su momento, hasta ya haber encontrado su propio sitio en el repertorio.

6.3 HABILIDADES TÉCNICAS

El conjunto de aptitudes y habilidades técnicas también aumenta exponencialmente a la hora de desarrollar un videojuego, y es también un factor a tener en cuenta para la aparición de la tendencia *retro* que utiliza el repertorio de los ochenta. En los comienzos, los programadores trabajaban en solitario o eran equipos compuestos por dúos. Ejemplos de estos los tenemos en la distribución de personal de Sierra On-Line, donde los «dos tipos de Andrómeda», Mark Crowe y Scott Murphy, fueron los responsables de la saga *Space Quest*; Christy Marx y su marido Peter Ledger lo fueron de *Conquests of Camelot: The Search for the Grail* (1989); Roberta Williams en su saga *King's Quest* original (1983–1998) o los misterios de Laura Bow (1989 y 1992); o Al Lowe en *Leisure Suit Larry* (1987–2009). Las herramientas de hoy en día facilitan la creación de videojuegos, como ya hemos dicho, eliminando la necesidad de disponer de expertos en diferentes áreas en videojuegos independientes. Las bibliotecas gráficas permiten la programación sencilla de una forma estándar en lugar de privatizada y oscura. Ídem con los programas de edición musical. Las herramientas contemporáneas lo hacen incluso más fácil permitiendo la composición de videojuegos complejos en un entorno reducido. Esto no fue siempre así.

Aun así, el desarrollo de un videojuego no es trivial y requiere tiempo y dedicación, y aunque muchas de las áreas presenten las herramientas necesarias, es obligatorio contar con los conocimientos clave para poder dar término a un proyecto. Por mucho que se le proporcionen los útiles para crear melodías complejas en poco tiempo, el diseñador debe contar con los conocimientos musicales y de diseño gráfico si quiere dedicarse en solitario a la concepción de una obra de este tipo. Por otra parte, el retorno de la estética de los ochenta, facilita el proceso al utilizar herramientas del siglo XXI para proyectos del nostálgico siglo XX.

Es por esto que uno de los factores que influyeron en el resurgimiento de los años ochenta, al menos en cuanto al ámbito de los videojuegos y complementando a la nostalgia, es la facilidad del desarrollo de estas piezas antiguas con las herramientas contemporáneas. Lo que antes requería innumerables líneas en lenguaje ensamblador, ahora se resuelve fácilmente con un *script* en Löve o mediante RPG Maker. El mismo desarrollador de *VVVVVV*, Terry Cavanagh, ha dicho que «consideraba este juego como una oportunidad para complacer su "fetiche *retro*" al carecer de las habilidades técnicas para desarrollar juegos más modernos» (Cavanagh 2010). Y como él, muchos desarrolladores de videojuegos *indie* complacen sus inquietudes nostálgicas con *retropiezas* en lugar de innovar. No es una cuestión de querer estancarse en el pasado solamente, sino la de poder contribuir al repertorio desde lo factible para diseñadores aficionados que no disponen de los conocimientos necesarios ni del tiempo para adquirirlos. Hay equipos de programadores contemporáneos que exploran nuevos horizontes porque pueden, y lo hacen disposicionalmente en muchos casos, como en *The Novelist* (2013) o *Firewatch* (2016); o permaneciendo en el repertorio tradicional, como *Killing Floor 2* (2016).

Lo que hace tres décadas eran meses de trabajo, hoy son solo unas pocas horas para un programador experto. Utilizando motores como Unity, donde las tareas gráficas están extremadamente simplificadas, se pueden obtener resultados estéticamente muy atractivos. En la programación tradicional no existía una modularización técnica y todo se hacía a medida para el producto en desarrollo. Cuando la complejidad de los programas aumentó, el código fuente necesitaba algún tipo de organización para no caer en un programa imposible de mantener. Muchos patrones de diseño se fueron adaptando en el desarrollo de *software* a los videojuegos para poder separar las entidades de los componentes, o disponer de un vector de estas últimas para ser actualizadas secuencialmente en el bucle del juego. El precio a pagar era un poco más de consumo por parte del procesador, pero en un momento donde la potencia de estos no hace más que crecer, no era inconveniente. Los problemas de espacio y memoria de los juegos de las décadas anteriores desaparecieron y el diseño de videojuegos se convirtió en una disciplina independiente que bebía del diseño de *software* tradicional, aunque con distinciones precisas intrínsecas a esta área.

Un videojuego realista se compone fundamentalmente de gráficos, simulación en forma de motor físico y la lógica interna que dicta cómo funciona cada componente y cómo ser relaciona con el resto. Estas partes se integran sobre las entidades que conforman el programa y han de estar perfectamente sincronizadas, y cuando se trabaja con enormes proyectos, la organización es clave. En herramientas contemporáneas como Unity, la mayor parte de estos mecanismos ya están implementados, y solo es la lógica, que se apoya en funciones y métodos ya existentes además de extensibles, la que depende más de programador. Se simplifica así la tarea de la creación de un videojuego. Las incontables líneas de código de juegos como *La abadía del crimen* (1987) para ofrecer la ilusión de las tres dimensiones, por ejemplo, hoy se llevaría a cabo utilizando un ámbito tridimensional puro con Unity y una creativa lógica en un lenguaje de programación de alto nivel como Java o C#.

Los desarrolladores de hoy, por tanto, en lugar de aprender la mecánica interna de las computadoras y complejos paradigmas de programación, aprenden desde la base de la ingeniería de *software*, lo que deriva en una especialización profesional. De esta forma, tenemos roles diversos como analistas, programadores en sus diversos campos como la inteligencia artificial, la algoritmia o de redes para multijugador, grafistas, diseñadores de efectos, etc., que antes estaban contenidos en un área única. Y añadiendo los elementos creativos como la banda sonora, las voces cedidas por actores de doblaje, el guion, entre otros.

La simplificación de las herramientas en el desarrollo de los videojuegos permite acceder fácilmente a la creación de estos, pero la creciente multidisciplinaria imposibilita hacer grandes producciones en solitario. Es por esto que los videojuegos independientes desarrollados por equipos pequeños tienden a no utilizar las técnicas de los grandes estudios, y muchos de ellos revierten su estética a la que conocían, movidos por la nostalgia y deseando encontrarse con los productos que quedaron perdidos en el pasado, trayendo nuevos conceptos que son revisiones de lo que ya existió hace una generación, es decir, volviendo al repertorio anterior con un *ludos* tradicional en la mayor parte de los casos.

No obstante, exitosos videojuegos de los últimos años producidos por pequeños estudios independientes dan el salto a un nuevo repertorio, que es el exploratorio. Una narrativa dirigida al jugador-espectador basada en la belleza percibida para integrar más en el entorno el rol de jugador-actor. Son juegos donde lo estético prevalece sobre el juego en sí, reduciendo el *ludos* al mero placer visual y el entretenimiento que una historia lineal puede ofrecer. Es el caso de los videojuegos de supervivencia como *Subnautica* (2018) o de narrativa lineal como *Firewatch* (2016).

Figura 6.9. Estética realista de *Firewatch* (2016) dedicado casi exclusivamente al jugador-espectador.

Todo el empeño es este tipo de juegos se basa en el tiempo que el jugador pasa en el entorno. En los videojuegos de supervivencia parece no existir el tiempo permitiendo al jugador-espectador disfrutar de cada composición visual en complejas simulaciones de mundos reales o ficticios convirtiendo las acciones del jugador-percutor a una excusa para dicha exploración. Los recursos que se necesitan para que el protagonista pueda disponer de nuevas herramientas no serían necesarios de no ser por la inherente curiosidad del jugador-espectador, ejercida como jugador-actor. Una partida de *Stranded Deep* (2015a) podría simplificarse encontrando un equilibrio con el entorno, un refugio seguro y cerca de vida animal y bebida para subsistir. Sin embargo, el jugador quiere explorar más, no solo los alrededores del protagonista sin nombre ni rostro, para que así pueda ser la personalidad del jugador la que tome control absoluto, sino también las capacidades del juego.

Incluso en videojuegos *RPG* como en *The Elder Scrolls* (1994–2017), donde el argumento está bien especificado en términos de personaje y no solo del entorno, un jugador querrá explorar y explotar todas las capacidades del sistema, y aunque se encuentre otro personaje que diga ser el hermano del protagonista, el jugador querrá, en general, atacarle y ver qué ocurre solo «para ver qué ocurre». En *Firewatch* no se dispone de esa libertad. Los desarrolladores no tienen que predeterminar las posibles acciones que una multitud de jugadores querrá ejecutar. Únicamente se dispone de un argumento lineal donde las pocas decisiones del jugador, al comienzo de la partida, son para trazar unas líneas de personalidad del personaje principal a la par que se expone su trasfondo. El jugador que disfruta con este videojuego es aquel que busca la historia a la vez que maravillarse de los detallados escenarios en un entorno natural.

Las herramientas técnicas para llevar a cabo estos proyectos, permite que desarrolladores disposicionales alejados de las ideas de las grandes corporaciones y del Antimuseo, poner en práctica sus ideas sin necesidad de los complicados inconvenientes que hace unos años eran inconcebibles. Y, lejos de decir que las producciones modernas no requieren esfuerzo, que sí lo precisan obligatoriamente, no son las mismas que hace unas décadas.

7

DISEÑO DE CUBIERTAS Y ACCESORIOS

Lo estético está vinculado con la belleza y esta es subjetiva, por lo que está relacionada con lo que satisface el espíritu más que con los sentidos. La coherencia de las formas no es requerida siempre que haya comprensión por parte del jugador, y de tenerla, sería la misma que en cualquier otro aspecto artístico o disciplina. La complacencia del espíritu sucede por la catarsis y, para que esta se dé, requiere de nudos y conflictos narrativos que pueden establecerse incluso antes de comenzar la partida, si es que se dan los elementos necesarios para ello. Son parte de la obra, la introducen y sin ellos estaría incompleta, pero este punto de ignición tiene lugar en la mente del espectador.

Podemos encontrarnos con este cambio de un realismo (o casi realista) hacia la caricatura también en el diseño de las carátulas comparando las originales con las que corresponden a las recientes ediciones especiales. Ahora existe un mayor sincronismo entre los gráficos del juego y los que se muestran en la portada, pero no con tanta diferencia, puesto que no se trata de una estrategia de mercado tanto como en muchos otros casos. La falta del realismo de la versión original se debía a la limitación tecnológica, pero cuando era posible realizarla por medio de una imagen estática, se utilizaban gráficos que tendían a los trazados en la carátula.

Figura 7.1. Comparación de las carátulas de *The Secret of Monkey Island* en las ediciones de 1990 y 2011.

De este modo, había una consistencia. Utilizando el repertorio tradicional y no queriendo cambiarlo cuando su función es principalmente auxiliar —como lo es una carátula o un póster—, se tenía como base para dibujar los personajes dentro del juego cuando esto era posible. Muy probablemente estaban influenciados los elementos estéticos digitales por aquellos ya repertoriales que formaban parte de los esperado, que era una ilustración heredada de los cómics en su mayor parte, no muy diferente a los clásicos carteles de filmes del cine.

La búsqueda de interés en el público se realizó mediante artes mercadotécnicas, añadiendo atractivas cubiertas y demás elementos incluidos que afectaban a la experiencia del juego. Las cajas estaban cargadas con elementos visuales que iban más allá de los complementos relacionados, pero ajenos a las aventuras como pósteres o pegatinas. Los diarios atribuidos a los personajes, los mapas que revelaban pistas para la aventura o dejaban entrever secretos formaban también parte del juego. La partida comenzaba antes de siquiera empezar a jugar.

En el diseño de las carátulas, los artistas gráficos se aseguraban de incluir a modo de resumen un compendio de elementos que formaban parte del juego, pero con una estética más propia de la época en cuestión que la relacionada con el propio juego. En los años de los píxeles no era costumbre incluir ni siquiera una reminiscencia a los gráficos pixelados con la salvedad de unas pocas capturas de pantalla del juego en la parte trasera. Por norma general se utilizaba la estética de cómics y revistas tendiendo al realismo sin dejar de evocar lo que aparecería durante la partida.

Figura 7.2. Carátula de *Sol Negro* (1988) de Opera Soft y diseñada por Juan Giménez, junto con una captura de partida mostrando los gráficos de Carlos A. Díaz de Castro.

Si los gráficos en los años ochenta no eran suficientemente interesantes como para verse en la tesitura de diseñar una carátula atractiva de acuerdo con la estética más atractiva por la audiencia a la que se dirige, ¿por qué hoy tiene tanta importancia rodear de un aire *retro* a tantos productos? No fue sino hasta hace pocos años, cuando con píxeles esencialmente invisibles, cuando se quieren mostrar más grandes que nunca, y es por ello que conforman las imágenes promocionales de los juegos de hoy.

La estética de los complementos estaba relacionada con la de los productos circundantes a la generación a la que se dirigía el producto. Como por su naturaleza digital en aquellas tempranas fechas no podían ser de otro modo, compuestos por píxeles, se trataba de combatir las limitaciones técnicas mediante las otras artes que sí alcanzaban una perfección. Así, se complementaba el portador del *ludos* con la estética ajena a lo computacional de imágenes que llamaban la atención antes de utilizar el producto.

También, y debido posiblemente a las limitaciones técnicas, la transmisión de información en un medio digital de reducidas proporciones dada la escasa capacidad de las cintas magnéticas y disquetes, muchos datos relevantes y requeridos para el desarrollo del argumento se incluían de manera externa, también adornados con imágenes y motivos destacados. El «Diario de Grial» del Dr. Henry Jones manuscrito en *Indiana Jones and the Last Crusade: The Graphic Adventure* (1989) o el «Diario de un hombre loco» de *Dreamweb* (1994) son un claro ejemplo de ello. Allí se exponen en primera persona los pensamientos e inquietudes de un personaje de la aventura para que el jugador —en este caso como jugador-espectador puro— se identifique con ellos, dé lugar a un conflicto que anticipe a la catarsis que tendrá lugar al completar el juego, cuando se alcance un estado final satisfactorio del *ludos*, y ponga a un lado al jugador-actor y al jugador-percutor para vivirla como espectador, como jugador-espectador puro. Esto es, predisponer al jugador llevándolo a una inmersión parcial haciéndole partícipe de la historia antes de que esta comience. Estos complementos son parte de la aventura y, por tanto, parte del *ludos*, pero se alimentan de la estética predominante del repertorio establecido. No se innova en su estética, quizá porque el producto final, el videojuego, las utiliza precisamente como eso, como complementos, y por ello no requieren destacar o no necesitan arriesgarse tratando de innovar en un campo ajeno al del producto final.

Se mantenía una estética sensitiva en los complementos para poder volcarse en la estética disposicional del propio juego, que alcanza al jugador en su faceta de jugador-espectador a través del *ludos*. Del mismo modo, se trabajaba en el ámbito repertorial siempre con respecto a los elementos complementarios, mientras que en el juego en sí se tomaban decisiones, por aquel entonces, que definían un repertorio a través de ciertas exploraciones, siempre disposicionales. Según fuese necesario experimentar más de acuerdo a cuestiones casi siempre mercadotécnicas, se actuaba de manera más disposicional.

Cuando los elementos complementarios eran ajenos a la narrativa, heredaban su estética del repertorio general del momento. Por ejemplo, en tiras cómicas que se añadían a colación de la aventura, aunque sin formar parte de ella. Los tres números que Adventure Comics lanzó en 1991 sobre *Space Quest I: The Sarien Encounter* y con el título *The Adventures of Roger Wilco*, no forman parte de la aventura en sí, y pese a que pueda arrastrar a nuevos jugadores, están destinados a un sector algo diferente.

En *Les Voyageurs du Temps: La Menace*[9] (1989) para Amiga, la protección anticopia se basaba en indicar un sector de una imagen dentro del manual. Esta imagen era una caricatura relevante al argumento, una conceptualización artística de algún episodio durante el juego que a veces podía dar ciertas pistas, en otras solo mostrar los eventos ocurridos. Pero el estilo de cómic elegido era tal que no

9. Comercializado en Francia como *Les Voyageurs du Temps: La Menace* pero titulado *Future Wars: Time Travellers* en Europa y *Future Wars: Adventures in Time* en Norteamérica.

desentonaba con el producto a pesar de ser totalmente diferente, ya que ese tipo de gráficos no eran posibles en las pantallas de finales de los ochenta. Siendo relevante para la trama, al no ser un accesorio que introduzca al jugador en la historia desde el punto de vista del jugador-actor, su estilo se puede tomar ciertas licencias ajenas al producto final. Prueba de que es un elemento irrelevante es la ausencia de esta misma protección anticopia en la versión para DOS, muy molesta, donde se trataba de indicar en una imagen de escala de grises el color de un reducido conjunto de píxeles coloreados en la cubierta del manual.

Figura 7.3. Extracto del manual de *Les Voyageurs du Temps: La Menace* (1989) para Amiga, donde se representa en un estilo de cómic típico de los ochenta, al protagonista leyendo un desfasado periódico en una prisión del siglo XLII tras haber sido capturado por los Crughons.

Sin embargo, cuando los complementos que acompañaban a los videojuegos estaban dirigidos al jugador-actor, la estética de estos era la requerida por la aventura misma. Por ejemplo, el enorme póster de *Maniac Mansion* (1987) simulaba ser, con cierto humor, un tablón de anuncios universitario en el que muchos elementos ajenos a la trama, pero relativos a muchos de los personajes que pueden intervenir, hacen consciente al jugador de a quién puede manejar. Es posible establecer entonces una conexión mediante afinidades, o sencillamente empatía, con los personajes susceptibles de ser seleccionados para acompañar a Dave a salvar a Sandy. La nota de Dave es la que presenta y hace clara la misión, dispuesta en el centro del póster. Esta dice: «¡Necesito vuestra ayuda! Sandy ha sido raptada por el Dr. Fred. Encontraos conmigo en la entrada a *Maniac Mansion*. ¡Tenemos que salvarla! —Dave»[10]. La premisa de la aventura está expuesta y dirigida hacia cualquier posible personaje, a elección del jugador, mostrado en las inmediaciones de ese mensaje de socorro a modo de anuncios. Como los personajes son estudiantes universitarios, y en los ochenta estaban en boga las películas universitarias, el póster se muestra como un tablón propio del ámbito que rodearía a los personajes si estos fuesen reales.

Con el *Liber Ex Doctrina*[11] de *Conquests of Camelot: The Search for the Grail* (1989), aparte de mostrar las instrucciones del juego y servir de protección anticopia, establece la base del ciclo artúrico, así como se dan conocimientos sobre el Grial y Afrodita, ambas temáticas imprescindibles para el transcurso argumental de la partida. Algunos puzles de la aventura comienzan con la lectura de este manual dispuesto como un antiguo manuscrito para hacer concordar la estética del mismo con la materia sobre la que versa la aventura.

Algunas páginas contienen espacios en blanco para que el jugador/lector rellene a medida que investiga cómo resolver los puzles y adquiere información sobre la mitología explorada desde Inglaterra hasta Jerusalén. Incluso el propio Merlín hace referencia a este manual en las primeras partes del primer acto, cuando es presentado y charla con Arturo acerca del viaje que está a punto de emprender. Se menciona el libro como si el rey de los bretones fuese portador de él cuando en realidad lo es el jugador, que interpreta a Arturo, y es quien lo tiene delante. Se refuerza el rol jugador-actor utilizando un ítem del mundo real para transportar al aventurero real al mundo digital. Es en estos casos donde la estética de los accesorios está definida, no por el repertorio de los magacines de finales de los ochenta y principios de los noventa, sino que está influido directamente por la temática a tratar.

En el «Diario del Grial» ocurría lo mismo, se imitaban de manera manuscrita textos que evocaban las investigaciones de Indiana Jones Sr. Con materiales baratos se trataba de recrear o replicar una pieza que ya se había visto en la película y que era el objeto principal que ambos bandos querían conseguir simultáneamente. Se trabaja añadiendo información a la historia desde fuera, dentro del repertorio es parte de la historia que se cuenta.

---

10. *«I need your help! Sandy's been kidnaped by Dr. Fred – Meet me at the driveway to Maniac Mansion. We've got to save her! –Dave».*

11. Frase en latín con un ingenioso doble significado según se traduzca *liber* como «libro» o «libre».

Algo no muy diferente vemos que ocurre con *GTA: Vice City* (2002) donde el manual de instrucciones está camuflado de guía turística de la ciudad. Así se da una oportunidad especialmente valiosa para exponer el mapa y localizaciones importantes sin estropear el argumento e incorporando al lector a la aventura, leyendo sobre una ciudad que sí existe, pero solo digitalmente. El jugador ha de conocer por dónde moverse a medida que juegue y ha de saber qué es lo que caracteriza cada lugar, ya sea desde el punto de vista narrativo como anecdótico, pero sin que se le haya dado de forma explícita. La protección anticopia en este juego era el propio CD-ROM, así que el único motivo para haber realizado este manual fue la contribución estricta a la situación del personaje en el juego utilizando para ello una estética de los años ochenta, pues es justo la década en la que transcurre todo el argumento.

Esto recuerda a la revista *Space Piston* hallada en sustitución del clásico manual de instrucciones de *Space Quest IV: Roger Wilco and the Time Rippers* (1991). Se trata de una revista intergaláctica en la que podemos encontrar una entrevista al protagonista, Roger Wilco, un montón de publicidad ficticia acerca de lugares que el jugador tendrá que visitar durante la partida, y artículos relativos a la continuidad del argumento, pero nunca mostrados sin romper la caracterización espacial. Los escritores de estas columnas y seres de los anuncios son personajes ficticios que poco o nada tienen que ver para la trama salvo alguna excepción. Incluso se deja caer alguna pista encubierta que da la solución indirecta de algún que otro puzle, siempre sin desvelar que se trata de un juego. Para la siguiente entrega, *Space Quest V: The Next Mutation* (1993), parodia de la popular serie *Star Trek: The Next Generation* (1987–1994) con ciertos elementos de *Star Wars*, en lugar de hacer referencia a la serie que trata de parodiar, presenta argumento, entorno y personajes a modo de tabloide sensacionalista. También se incluye un artículo que explica qué ocurrió con Roger Wilco, el protagonista, introduciéndolo como una vieja celebridad de las entregas anteriores que ha caído en el olvido. Solo en las páginas centrales se rompe la cuarta pared para indicar, sin dejar de bromear, cómo los «dos tipos de Andrómeda» llevan a cabo la ardua tarea de programar juegos e ingeniar los complejos argumentos.

7.1 ESTÉTICA DEL EROTISMO Y LA INSINUACIÓN

Por otro lado, tenemos temáticas más dirigidas a una audiencia más adulta como las aventuras de Larry Laffer en la serie *Leisure Suit Larry* (1987–2009), ya mencionadas previamente. La temática exigía una información sutil que revelase al comprador de qué iba el juego sin realmente revelarlo explícitamente, y más en los años ochenta.

Figura 7.4. Fotografía desechada para la portada de *Softporn Adventure* (1981) con Roberta Williams a la derecha, cofundadora de Sierra On-Line. Las mujeres al frente son, de izquierda a derecha, Diane Siegel, jefa de producción de On-Line Systems, y Susan Davis, contable de la misma empresa y esposa de Bob Davis, autor de *Ulysses and the Golden Fleece*. Al fondo, un camarero local, Rick Chipman (Nooney 2014).

La primera aventura de este pintoresco personaje fue *Leisure Suit Larry in the Land of the Lounge Lizards* (1987), pero esta no era sino una adaptación realizada por Al Lowe de la aventura de ficción interactiva *Softporn Adventure* (1981) de Charles Benton por la que entonces se llamaba On-Line Systems, la que sería Sierra. Muy al estilo de *Hylas y las ninfas* —composición al óleo de John Williams Waterhouse en 1896— la cubierta de *Softporn Adventure* muestra, junto con dos cargos de Sierra, a Roberta Williams en un *jacuzzi*.

Se indicaba el texto «solo para adultos» como subtítulo y una nota al pie, no exactamente de tamaño imperceptible, informando que la aventura estaba clasificada como restringida[12] en esta arriesgada estratagema de Sierra por introducirse en un

12. En el sistema de clasificaciones por edades estadounidense, la valoración R (*restricted*) requería superar los diecisiete años de edad o la presencia de un adulto o tutor legal. Se utiliza para productos con cierto contenido para adultos.

mundo que todavía no estaba asociado a lo juvenil, sino más bien todo lo contrario, ya que quienes poseían ordenadores al comenzar los ochenta fuera de un ámbito académico eran esencialmente técnicos y ejecutivos.

Regresando a *Leisure Suit Larry in the Land of the Lounge Lizards* (1987), producida también para la misma audiencia poco más de un lustro después, aunque con una estética estrictamente de los años ochenta ahora que se habían asentado bien, con ángulos rectos y colores pastel, se muestra una caricatura de Larry con el arquetípico traje blanco apoyado sobre un televisor que muestra una escena de la aventura que el jugador luchará por encontrar. A modo de exhibición de la calidad gráfica con ese plano corto, revela más de lo que parece sin revelar nada en absoluto. En un juego contemporáneo nunca se podría presentar en la cubierta un personaje que apareciese en un punto tan avanzado de la partida, pero de nuevo, la limitación gráfica jugó a su favor y se aprovecharon de ella para, sin estropear el juego, dejar en vilo al jugador durante horas hasta que alcanza ese punto de juego.

Los carteles de restricción por edades se muestran en negro, minúsculos, aunque no imperceptibles. Es un signo que muestra que este tipo de contenido estaba siendo introducido cada vez más entre la población. Se hace más hincapié en que se trata de una «aventura en tres dimensiones» que ese material «contiene material para adultos». La portada fue considerada escandalosa y se recibieron muchas cartas de queja expuestas en la revista *Softtalk*, principal firma anunciante de los productos de Sierra.

Figura 7.5. Fawn en las diferentes versiones de *Leisure Suit Larry in the Land of the Lounge Lizards*. De izquierda a derecha, la versión de 1987, seguida de la reedición en VGA de 1991 y, finalmente, el diseño para el vigésimo quinto aniversario en 2013.

La aventura propiamente dicha se presenta en el modo de Larry contra las eventualidades del entorno o como Larry en un juego con otro personaje, femenino, con el que llevar a cabo el objetivo de la aventura. Se ve, como en muchos otros relanzamientos, que la estética visual pasa por un realismo limitado por cuestiones técnicas, a un realismo mejorado y estilizado, hasta que en *Leisure Suit Larry: Reloaded* (2013), obra que también se presentó como *Leisure Suit*

Larry in the Land of the Lounge Lizards: the 25th Anniversary Edition, con gráficos mejorados entre otros perfeccionamientos de puzles y argumento, se aplicó la caricaturización, tanto del entorno como de los personajes, llevando la apariencia de la aventura a la categoría de dibujos animados. Cierto es que Larry se presentó desde la quinta entrega, *Leisure Suit Larry 5: Passionate Patty Does a Little Undercover Work* (1991), de una manera más parodiada, la elección de versión de su aspecto final, pero incluso en este y en su secuela, *Leisure Suit Larry 6: Shape Up or Slip Out!* (1993), las escenas reservadas a los primeros planos se mantenían en el realismo. En *Leisure Suit Larry: Love for Sail!* (1996) fue cuando se hizo el giro completo de mantener un aspecto uniforme en tanto primeros planos durante los diálogos y minijuegos como a lo largo de la propia aventura. Esta caricaturización es leve, manteniendo las formas y dimensiones cercanas a la realidad, pero con un estilo que recuerda a la ilustración. Sin emplear gráficos fotorrealistas y sin llegar a la deformación de las formas, se encuentra un estilo intermedio semejante al de algunos cómics contemporáneos.

La estética del videojuego incluye también la temática que porta o trata de transmitir y, en los años ochenta, también heredando del cine, el erotismo estaba en boga con películas como *Porky's* (1981), *Screwballs* (1983) o *Loose Screws* (1985), no era de extrañar que se llevasen al mundo computacional los mismos temas, aunque no por influencia directa como en décadas posteriores. Se podría decir que la presencia de tales géneros de filmes ayudó a crear una mentalidad más abierta con respecto a dichas temáticas y esto permitió que, con todo, fuese *Softporn Adventure* la primera en llevar el erotismo a los ordenadores. Fue un gran éxito, ya que a pesar de la extensa cantidad de copias ilegales —incluso llegando a países extranjeros de ultramar— llegó a vender más de 50 000 copias. Una cantidad exagerada si tenemos en cuenta que en aquel momento había aproximadamente un par de cientos de miles de unidades de Apple II en el mercado (Maher 2009).

Poco después aparecieron títulos con un contenido mucho más explícito en Japón como *Naito raifu* (1982) de Kōei para la Fujitsu Micro 7 (FM7). Poco después, la misma compañía lanzaría *Danchi tsuma no yūwaku* (1983), un juego de simulación con elementos de *RPG* y aventura. Aunque ninguno de estos dos juegos venía acompañado de complementos que completasen la aventura o les diese un punto de comienzo, el diseño de la cubierta del primero remitía a una ilustración realista, no caricaturesca, quizá para no incurrir en equívocos ni ambigüedades. El segundo, al más puro estilo japonés, sí muestra, en la forma de un dibujo satírico exagerado, a un supuesto ejecutivo de enorme nariz caminando por un pasillo del que en cada puerta salen personas en actitud insinuante.

Figura 7.6. Cubierta de la aventura para adultos *Leisure Suit Larry in the Land of the Lounge Lizards* (1987) de Sierra On-Line al más puro estilo de los años ochenta.

Pero no hace falta llegar a temática erótica para mostrar imágenes medianamente sugerentes. Sin ir más lejos, en la cubierta de *The Elder Scrolls: Arena* (1994), como era típico de los años ochenta, la vestimenta de la mujer guerrera no deja mucho a la imaginación, y este era el tipo de reclamo que entonces se utilizaba. Esto se llevó a los *MMORPG* —también heredando de juegos de tablero de temática fantástica como *Hero Quest*— a mostrar a las mujeres como jóvenes veinteañeras y grandes habilidades de combate solo comparables al estereotipo de belleza que ejemplifican. Por el contrario, las figuras masculinas sobrepasan siempre la treintena y son un reflejo estético de la apariencia de un culturista, salvo que se refiera al arquetipo de mago o hechicero, que suele representarse como una alegoría a la sabiduría.

Figura 7.7. Portada de la primera entrega de *The Elder Scrolls* con el subtítulo *Arena* (1994) haciendo gala de un reclamo típico por medio de una figura femenina sobresexualizada.

Sin ser un videojuego de temática erótica como la saga *Leisure Suit Larry*, hace uso de los mismos trucos. No llega a ser tan sugerente como la carátula de *Softporn Adventure*, que ya de por sí estaba clasificado como explícito, pero excede aquellas de las aventuras Larry.

Como esta técnica se utiliza principalmente para el género *RPG* (sea en línea o no) y en este es necesario una serie de arquetipos con los que comenzar la creación del personaje, nos encontramos en *Sacred* (2004) con la vampira, la elfina del bosque, y la diablesa en la expansión, en una pantalla de selección de clase que parece más un concurso de culturistas y modelos. Ídem en *Diablo II* (2000) para la amazona o la hechicera en contraposición con el bárbaro o el paladín. Realmente, ninguna de estas imágenes o arquetipos es necesaria para el desarrollo del *ludos*, son solo señuelos dirigidos a una audiencia que, desgraciadamente, responde bien a ella.

Este tipo de reclamos fue utilizado en toda la publicidad desde sus comienzos, pero fue a mediados de los años noventa cuando se entremezcló con los aspectos narrativos al ser desarrollada como personaje principal a Lara Croft, protagonista de la serie *Tomb Rider* (1996–2013). Ahora, llevada a la gran pantalla, tuvo mucha controversia en sus primeras entregas precisamente por todo lo dicho. En 2013 se volvió a comenzar la serie con diseños diferentes, pero ya establecidos sobre la tradición que acompañaba a la saga. Es un ejemplo en el que el juego original tomó su estética del cine del momento, aunque esta evolucionó hasta influenciar al cine nuevamente, pues se llevaron a la pantalla las aventuras de Lara Croft. Se alimentaron mutuamente, videojuego y filme, tanto narrativamente como estéticamente, bebiendo el uno del otro.

En los años ochenta, Infocom lanzó la obra de ficción interactiva, *Leather Goddesses of Phobos* (1986) en un intento por el mismo género y forma que *Softporn Adventure*, ambientada en los Estados Unidos de los años treinta, razón por la cual la cubierta desplegaba el título de la aventura como los clásicos carteles cinematográficos de entonces, con el texto ocupando gran parte del espacio, en varias líneas y en perspectiva. Disponía de tres niveles diferentes de «picardía» (*naughtiness*) que iban desde «aburrido» a «lascivo». Esta temática resultó en un aumento de sus ventas convirtiendo a esta aventura en un gran éxito. Poco después, Activision publicó en 1992 la secuela, *Leather Goddesses of Phobos 2: Gas Pump Girls Meet the Pulsating Inconvenience from Planet X!,* que a pesar de no disponer de esos tres diferentes niveles al igual que en la primera entrega, se podía jugar con tres diferentes personajes que confluían en el mismo lugar pudiendo así ver tres diferentes perspectivas.

La cubierta mostraba un mensaje advirtiendo de que la audiencia destinataria era recomendablemente adulta. La estética de esta carátula es sugerente sin mostrar absolutamente nada, pero en lugar de apostar por las formas caricaturescas, tres modelos vestidas de dependientes de gasolinera (haciendo referencia al subtítulo del juego) con un corte de los años cincuenta, década en la que sucede la aventura, invitan atrayentes al comprador. Durante el transcurso de la aventura, que en esta secuela es del estilo *point & click*, toda la sugerencia mostrada en la carátula y con el trasfondo de su primera entrega, deja mucho que desear. La cubierta no es más que un reclamo que se apoya en lo que la audiencia cree que puede llegar a ser en función de lo que ve y de sus expectativas al traer al género gráfico lo que antes era texto. En las crónicas de Larry, aunque no se incluía ninguna imagen fuera de lugar pese a estar dirigido a adultos directamente, la narrativa lo dejaba todo a la imaginación, mientras que en *Leather Goddesses of Phobos 2: Gas Pump Girls Meet the Pulsating Inconvenience from Planet X!*, todo queda en pocas imágenes poco imaginativas y no mucho más. Es la razón de las malas críticas que despertó (Lombardi 1992).

Figura 7.8. Carátula de *Leather Goddesses of Phobos 2: Gas Pump Girls Meet the Pulsating Inconvenience from Planet X!* (1992) con un estilo propio de una revista de la época y una nota abajo a la derecha con el mensaje «*Mature Attitudes Expressed*».

En los años sucesivos, el nivel exigido como umbral entre lo que es erótico o no ha variado en demasía. Y dado que la audiencia a la que los videojuegos es dirigida es de una edad cada vez mayor, muchos títulos ahora se promueven para una generación más adulta. En el juego *GTA: San Andreas*, por añadir solo un título de Rockstar, lleva la calificación PEGI para mayores de dieciocho años, pero según el ERSB —sistema de calificaciones por edades de Estados Unidos— mostraba una calificación por edades M (*Mature*).

Tras la controversia del *mod* oculto *Hot Coffee* fue modificada a AO (*Adults Only*). Se trataba de un minijuego que no alteraba el transcurso de la partida y en el que se podía manejar a CJ, el protagonista, manteniendo relaciones sexuales con sus novias. Toda esta sección fue bloqueada, aunque no eliminado del juego, y posteriormente fue descubierto en 2004. Se le ofrecieron dos opciones a Rockstar: o bien se distribuía como solo para adultos manteniendo ese minijuego, o este era retirado con el fin de poder volver a conseguir el grado M. La compañía tomó esta segunda opción. En este caso, posiblemente no se desarrolló esa parte del juego para recaudar más ventas, ya que solo se puede acceder a ella bien avanzada la aventura y no afecta en absoluto a la trama. Es, más bien, un añadido a la temática tan típica de Rockstar, en concreto de la serie *GTA*, en la que se lleva al extremo todo aquello que no es dado a la corrección política que tanto caracterizan a la mayoría de sus productos.

Al margen del contenido interno de las aventuras dedicadas a una audiencia adulta, la estética exhibida en las carátulas no era muy diferente, salvo escasas excepciones, de las revistas para adultos. En definitiva, se trataba de apelar al mismo público y no era necesario modificar el aspecto que sirviese como reclamo. Con respecto a la sobresexualización de personajes y arquetipos femeninos, esto no surgió en esta industria, sino que se heredó de los patrones sociales como los encontrados en el cine de aquella y esta época. Se utilizaron, al igual que hoy se siguen utilizando, las técnicas de mercado que proporcionarían más ventas, dominio del Antimuseo, e incorporados en el inconsciente colectivo de la audiencia a la que se dirige el producto. Este tipo de estética objetivante es la misma que la de pósteres de películas y cómics, y en una industria que recoge y compendia elementos de todas las áreas, no es de extrañar que haya también heredado tales aspectos.

8

HERENCIA DEL CINE Y NARRATIVA

8.1 HERENCIA NARRATIVA

Los videojuegos pasaron de ser meros entretenimientos con un *ludos* elemental idéntico al de las contrapartidas analógicas que trataban de simular, a servir como dispositivos para contar historias. En el arte narrativo se necesita tomar prestados elementos de la poética que el teatro primero, y el cine en su evolución natural fueron y siguen perfeccionando hasta el día de hoy. En una cuestión narrativa, los personajes y sus metas son lo más importante. Pero, ¿dónde está el *ludos* entonces cuando un objetivo principal es hacer al espectador partícipe de una historia?

Los primeros videojuegos que comenzaron a desarrollar historias en sí mismas son los del género de aventuras. Primero las conversacionales y luego las gráficas. En las primeras —también denominadas como «ficción interactiva»—, se muestra el texto, como podría serlo el de un libro, y se espera del jugador que introduzca órdenes para ser interpretadas posteriormente, y según estas, la aventura avanza o permanece estática en el caso más simple, o toma diferentes caminos modificando completamente el componente narrativo.

```
Welcome to Adventure!!  Would you like instructions?
n

You are standing at the end of a road before a small brick building.
Around you is a forest.  A small stream flows out of the building and
down a gully.
go inside

You are inside a building, a well house for a large spring.

There are some keys on the ground here.

There is a shiny brass lamp nearby.

There is food here.

There is a bottle of water here.
```

Figura 8.1 Versión contemporánea de la clásica aventura conversacional *Colossal Cave Adventure* (1976) de Will Crowther.

No era muy diferente a los clásicos libros de hiperficción exploratoria, «Elige tu propia aventura» (*Choose Your Own Adventure*), definidos como «librojuegos», aunque comercialmente haciendo énfasis en que no se trataba de un juego, es decir, retirando el componente lúdico por completo tratando de relegar su ámbito al educativo pese a ser literatura que la gente lee por placer, esto es, lúdicamente. Probablemente se quería retirar de las mentes de los compradores que, pese a ser un generador de entretenimiento, fomentaba la lectura, y esta hay que desasociarla de lo lúdico que socialmente está aceptado como algo no productivo. Esto es lo que probablemente retiene a los videojuegos en el ámbito del ocio a efectos sociales, la palabra «juego» como parte de la palabra, que es una evolución del inglés *video game*, es decir, «juego de vídeo». El término «juego», pese a sus múltiples acepciones, está ligado a lo no productivo. No obstante, la mecánica de los librojuegos era casi la misma, con la salvedad, por cuestiones puramente técnicas, de que en el caso de los libros se indicaban descriptivamente las opciones que el lector podía elegir mientras que, en el videojuego, era tarea del jugador imaginar las posibilidades para poder teclearlas. Esto lleva el *ludos* un paso más allá, pues ahora formaba parte del juego descubrir qué puede o no hacer el personaje que se maneja en esa historia que se narra.

Las aventuras gráficas de Sierra On-Line de las que hemos hablado en el capítulo 5.º combinaron este analizador sintáctico con gráficos *en la búsqueda de su repertorio*; repertorio que marcó una época y sirvió como base sólida para lo que estaba por venir. Los videojuegos en general, y en particular los géneros de acción y de aventura, viendo que las capacidades técnicas permitían llevar a confines antes inimaginables todo lo relacionado con lo audiovisual, no dudaron en tomar prestado del cine del momento su cinematografía. Los videojuegos comenzaban a parecerse a películas y, de igual forma que análogamente a los librojuegos de hiperficción exploratoria, surgieron los videojuegos de ficción interactiva. De las películas de guion estático surgieron juegos que las imitaban añadiendo componentes contingentes en su línea argumental.

A veces el guion es fijo también, pero entre lo determinado ya de antemano por los dramaturgos digitales existen escenas a modo de punto de inflexión que pueden dar un giro especial a la historia. Un caso particularmente interesante es del videojuego de finales de los noventa *Blade Runner* (1997). Se trata de una historia complementaria a la de la película homónima que tiene lugar justo después, con un personaje nuevo y diferente con el que el jugador deberá identificarse teniendo en cuenta los eventos del filme. Cada acción que toma el jugador, cada pregunta en cada interrogatorio, las evidencias que encuentra o las que pasa por alto y un conjunto mayor de factores, alteran el transcurso de la historia. Es una evolución de la narrativa exploratoria, porque se ofusca el hecho de que se está tomando una decisión que altera el argumento. El jugador ejecuta su partida sin saber que las acciones que lleva a cabo pueden estar ligadas a los puntos de inflexión que modifican la trama. Así, antagonistas se convierten en personajes secundarios superfluos, o viceversa, en cada nuevo ciclo de juego, esto es, en cada partida. El *ludos* en este caso se encuentra en lo desconocido, lo indeterminado. La misma sensación que tiene un espectador de una película que nunca ha visto, pero con la posibilidad de controlar a un personaje que obedece sus órdenes.

El argumento de estos juegos se centra, como en toda poética, en los tres principales actos, y los personajes con sus conflictos no son diferentes a los personajes de una película. El público está muy acostumbrado a la fórmula típica del cine y las producciones son tan caras que es menos arriesgado ceñirse a lo ya conocido. La clásica regla del minuto 17.º en producciones de generalmente cien minutos para indicar el foco principal de la historia ha generado el mito de que en los estudios hollywoodienses solo leen la decimoséptima página (en el formato de guion se sigue la norma de un aproximadamente minuto por página). Así, en películas como *Indiana Jones and the Last Crusade* (1989), vemos que en el decimoséptimo minuto el joven Indy trata de hablar con su padre y este no le hace caso: ahí está el conflicto. La trama no consiste, por tanto, en la búsqueda del Santo Grial, sino en la reconciliación entre padre e hijo que durante todo el argumento se va construyendo. Incluso en películas más recientes como *Her* (2013), es también entorno a esa marca de tiempo (en el decimoquinto minuto, porque al parecer las audiencias se han vuelto un poco más impacientes) cuando el protagonista la conoce a *ella*. Ese punto temporal corresponde al conflicto del primer acto, casi a dos tercios de su final justo para introducir el segundo acto. Tras la exposición del protagonista, se muestra su premisa dramática. Igualmente, el clímax sucede en el tercer acto, tras la convergencia de todos los conflictos. Estos son resueltos produciendo la catarsis del espectador para dar lugar a la conclusión final.

Figura 8.2. El detective Ray McCoy interrogando a Rachel en el icónico edificio de la corporación Tyrell en *Blade Runner* (1997).

Todas estas normas del repertorio de cine que parecen ya estáticas y solo unos pocos se atreven a romper, son las que los videojuegos han tomado para sí allí donde haya una trama y un personaje protagonista. Obviamente, las marcas de tiempo no coinciden porque el tiempo no transcurre de forma lineal en un juego, ya que depende de las acciones del jugador-percutor, que a través de su inmersión en la aventura como jugador-actor, va resolviendo los puzles necesarios para obtener la recompensa: desvelar más argumento para satisfacer su faceta de jugador-espectador.

Pero, si el *ludos* de los videojuegos narrativos consiste en la recompensa de ir ganando más argumento, ¿por qué no consideramos que el cine tenga *ludos*? Sencillamente porque el espectador del cine es un espectador pasivo y no hace nada para que el argumento transcurra. Esta sucede quiera o no quiera el espectador. En otras palabras, no existe un espectador-percutor o un espectador-actor, solo el espectador propiamente dicho. Sin percusión no existe *ludos* porque todo juego requiere una acción continua por parte del jugador, esto es, «no existe juego pasivo porque el *ludos* es, por definición, activo».

En definitiva, los videojuegos han definido su repertorio en términos dramáticos tomándolo prestado del cine y llevándolo a su campo. En lugar de contar una historia con medios diferentes a los ya conocidos, indagando, investigando, en otras palabras, llevando las disposiciones a esos campos, al ser estos secundarios, se mantienen en lo repertorial. El fin último de un juego es su *ludos*, y todo lo que no sea propiamente ello es una herramienta. Es por esto que, mientras la narrativa no deje de verse como una cuestión auxiliar en un juego de aventuras o de acción, no tendrá necesidad de desarrollarse disposicionalmente, y se tomará de los repertorios ya existentes. Esto ya lo hemos visto para el diseño de carátulas, manuales, diálogos, y todo aquello que no es *ludos per se*.

Todo aquello que sirve de complemento al *ludos*, pero no es *ludos* propiamente dicho, no innova porque no es el objetivo de la obra. La meta está en la interacción entre espectador y obra convirtiendo a este en un elemento más para su desarrollo. Los videojuegos, en principio, son estáticos, esto es, no funcionan si no existe un jugador. Se puede entender una obra de arte, en una definición clásica como aquella que produce un cambio en el espectador contemplativo, el *nóstos*, y la interacción con ella no elimina tal factor. Es un punto de convergencia entre dos áreas antes separadas, independientes y diferenciadas, la del juego en sí y la de la contemplación en sí. Es gracias a los videojuegos que estas dos pueden ser simbióticas.

Como un juego cuenta una historia, es normal y esperado que haya recogido los elementos de la narración de la que la humanidad ha estado haciendo uso desde hace miles de años. Los videojuegos dedicados al jugador-percutor como los de plataformas o *arcade* no son menos. Desde argumentos tradicionales como la necesidad de Mario de salvar a la princesa o el argumento de *Arkanoid* para justificar la existencia de esa raqueta intergaláctica, la historia está servida. En juegos de plataformas más contemporáneos como *Ori and the Blind Forest* (2015) la trama alcanza los niveles de obras que hace unos años habrían sido solo de aventuras.

En este tipo de juegos es muy necesario invertir una gran cantidad de esfuerzo en lo visual para capturar la atención del jugador desde el primer momento, y conjugar esta con la trama. Una historia puede existir sin imágenes físicas, estas se forman en la mente del lector, pero un juego requiere un apoyo. Del mismo modo que dos versiones de una película pueden llegar de maneras distintas al mismo espectador, un videojuego puede transmitir mensajes diferentes si utiliza estéticas distintas. En *Ori and the Blind Forest* no es posible impregnar al jugador-espectador de un apego por el bosque en el que los personajes principales están tan involucrados, y este se ayuda a formar a través de gráficos que apelan al realismo de las formas, aunque no sea estrictamente necesario. Lo que sí es verdaderamente importante en este caso es asociar la estética visual con una concepción bien extendida de «bello», aquí, en forma de verdes bosques donde se filtra la dorada luz solar y hay cristalinos ríos en donde cada fotograma es sinónimo de un edén lleno de vida. Así, se garantiza un contraste posterior con los antagonistas, que no solo son enemigos del protagonista, sino que también lo son del entorno en el que los desarrolladores se esforzaron por dotar de belleza.

Figura 8.3. Maravillosa exhibición de recursos gráficos en *Ori and the Blind Forest* (2015) en su introducción, donde se exponen las razones argumentales que mueven al protagonista en su andadura.

En otras obras no es necesario apelar al realismo tal cual. Se pueden optar por otras formas de representación visual que se conjugan con lo narrativo para dar un aspecto lúgubre y oscuro. Es el caso de *Limbo* (2010), donde la historia se cuenta a través de las sombras, no que rodean al personaje, sino que literalmente son el corazón de las formas. Solo hay siluetas que dejan entrever sus intenciones para con el personaje, que lucha contra todo el entorno. En la búsqueda por alcanzar su objetivo, no lucha contra otros personajes, sino contra sus propios miedos manifestados por medio del ámbito en el que se mueve, hogar de sus pesadillas.

La «belleza», en *Limbo*, no surge de una disposición gráfica majestuosa y pura, sino de la coherencia con su objetivo, que es mostrar una realidad llena de oscuridad donde las formas no importan, solo la consistencia con las leyes que se han marcado inicialmente por el argumento. La narrativa y la estética están íntimamente relacionadas, pues una determina la otra. Las cuestiones argumentales se presentan estéticamente, en este caso, mediante lo visual, y esta refuerza la trama ofreciendo consistencia para la historia. Así, una historia de tres actos puede ser contada con menos esfuerzo en lo textual porque toda esa información extraordinaria está contenida en los aspectos estéticos.

Esta simbiosis entre estética y narrativa se ha heredado del cine. Es el séptimo arte el que, a lo largo de los años apoyada en nuestra naturaleza de seres históricos, ha logrado conjugar la cinematografía con la poética ahora transmitida al ámbito de los videojuegos. Pero el complemento entre lo visual y narrativo no es lo único que goza de beneficio, pues lo dedicado al jugador-percutor también tiene soporte en ese juego de luces y sombras. Los obstáculos que el jugador tiene que sortear se mimetizan con el entorno, con lo que el diseño de niveles no queda relegado solamente a desavenencias superadas únicamente con la habilidad del jugador-percutor, sino que ayudan a definir al ámbito de movimiento dando aún más información acerca de cómo es ese mundo.

Sin embargo, a veces, es preciso renunciar a desplegar un elemento en todo su esplendor si se quieren cargar sobre los hombros de la estética factores determinantes para el argumento. Un videojuego requiere interacción y, los dados a la habilidad como estos previamente mencionados, solicitan una física fija, con normas no sujetas a cambios. Estas son la base de la interacción del jugador-percutor con el entorno simulado, y si las cuestiones estéticas son tales que determinan también la mecánica del juego, bien porque ayudan a desarrollar mejor la historia o son inamovibles para reforzar las motivaciones del protagonista, pueden interferir con la mecánica.

El equilibrio entre mecánica y estética se determina en función del componente narrativo, esto es, en función de si está más dedicado al jugador-percutor que al jugador-espectador, o viceversa. *Ori and the Blind Forest* elige siempre lo estéticamente visual antes que lo relativo a la mecánica y, aunque esta última está muy bien desarrollada, a veces puede interferir con los deseos del percutor. Aun siendo un juego de interacción activa, cuenta una historia, y esta prima sobre su naturaleza: las plataformas. Dichas plataformas se van construyendo literalmente en la secuencia cinematográfica durante la presentación de la aventura dejando clara esencia de juego, siempre sin renunciar a las animaciones y gráficos que lo presentan, así como la música.

La narrativa de los videojuegos ya es algo establecido en el repertorio actual, pero no lo era hace unas décadas, cuando todavía estaba en desarrollo y solo las disposiciones marcaban los designios que dieron lugar al repertorio actual. Fue en aquel momento, cuando las disposiciones de los programadores y desarrolladores primeros innovaban sobre la representación y transmisión de una historia, cuando se llevó el repertorio cinematográfico a los videojuegos, alterando los disposicional del momento, en perfecta armonía. Un repertorio originalmente ajeno a un área que le dio forma hasta formar parte de ella cuando en esta no había más que espíritu innovador.

La innovación apareció cuando se mezclaron poética y juego, narrativa y *ludos*, y en esta complementariedad se dieron los videojuegos como hoy los conocemos. Visto así, el *arte* de los videojuegos no está en ellos mismos desde su origen, sino desde que el arte poético se fundió con él, pero fue tal el entrelazamiento de ideas y necesidades que hoy ninguno de los dos aspectos puede vivir sin del otro dentro de este ámbito. Es difícil concebir videojuegos contemporáneos que no cuenten una historia como los juegos de antaño. El *Solitario*, *Backgammon* y *Reversi* digitalizados y presentados en las computadoras de hace tres décadas no son juegos en sí, son simulaciones de juegos reales, con su *ludos*, pero que no generan *nóstos* porque no están dedicados a un espectador contemplativo. Los videojuegos contemporáneos que han heredado la esencia cinematográfica, sí lo están.

Un claro ejemplo es *The Dig* (1995), proyecto en el que se ve la influencia del cine ya que fue resultado de una idea concebida por Steven Spielberg, aunque llevada a cabo por el autor de *Loom* (1990), Brian Moriarty. Incluso fue llevada al género literario por Alan Dean Foster, autor también de adaptaciones de *Alien* y *Star Wars*. En este caso no fue un proyecto nacido dentro de la industria de los videojuegos, sino que había sido previamente concebido como un episodio para la serie televisiva *Amazing Stories* (1985–1987), por esto quizá no dispone de la comedia que caracterizaba a la mayoría de los demás proyectos de LucasArts. Fue la obra más vendida de esta compañía compensando todos los años de una producción que comenzó en 1989 a pesar de haber sido lanzado a finales de 1995.

El lugar donde brilló esta aventura aparte de la narrativa y otras cuestiones gráficas de la época, fue en el uso del motor INSANE para las secuencias cinematográficas, aunque seguía utilizando iMUSE para el audio y SCUMM para el resto. Precisamente fue el desarrollo de este motor lo que dotó al juego de un aspecto más tendente al séptimo arte, comprimiendo imágenes vídeo para luego ser dispuestas y presentadas en alta resolución.

Este videojuego, aunque surgido de un concepto cinematográfico, abrió la puerta para el uso de una tecnología que más tarde podría utilizarse en otras aventuras como *Full Throttle* (1995) o juegos de acción como los del universo expandido de *Star Wars*. Es por esto que, *Full Throttle*, a pesar de ser una aventura gráfica técnicamente no muy diferente de *The Curse of Monkey Island*, dispone de secuencias a pantalla completa que confieren a la narrativa cierta estética cinematográfica que de otro modo no sería posible.

8.2 HERENCIA VISUAL

En la comercialización de videojuegos, los avances publicitarios toman también elementos de los tráileres cinematográficos. No es muy diferente uno del otro hoy en día, especialmente en el género de acción. Las posiciones de las cámaras y su cinemática son un reflejo directo del celuloide. Es más, incluso en los programas de diseño tridimensional para generar escenas todo se basa en la posición de luces y cámaras, como en un escenario virtual donde, en lugar de actores, hay marionetas computerizadas que se ajustan a un algoritmo que restringe la infinidad de movimientos que pueden realizar a aquellos que conforman la apariencia humana adecuada al momento.

Una de las razones principales para que las estéticas visuales y de interacción de estos juegos de aventura era, como antes se ha indicado, la diferencia de los motores que ambas compañías mencionadas y muchas otras, utilizaban. Estos motores eran privados y se utilizaban únicamente en un entorno cerrado que impedía que su uso se explotase fuera del recinto de sus respectivas compañías.

Es justo el polo opuesto al que hoy nos encontramos. Hoy la industria de motores de videojuegos es tan potente que persiste por sí misma sin más necesidad. Lo que hoy se hace es comprar una licencia para utilizar ese motor, y con él desarrollar videojuegos. Así, juegos como *Duke Nukem Forever* (2011) de 2K Games y *Tactical Ops: Assault on Terror* (2011) de MicroProse utilizan el motor Unreal; y *Under Ash* (2001) de Dar al-Fikr y *Kabus 22* (2006) de Son Işık Ltd. trabajan sobre Gamestudio. Todos ellos, respectivamente, daban la impresión de ser el mismo tipo de juego, ya que las capacidades gráficas que ofrecía cada motor eran muy similares.

8.3 HERENCIA COMERCIAL

Lo comercial está muy en relación con la sección anterior, ya que la publicidad tiene mucha importancia en términos visuales, de ahí la necesidad de añadir anuncios, no solo en revistas, sino originalmente en la televisión y hoy en día en forma de anuncios en la red.

Era tradicional en la serie *Space Quest* (1986–1995) hacer anuncios sacándole partido a los personajes que Scott Murphy y Mark Crowe dieron vida ya desde el anuncio comercial para televisión de *Space Quest III: The Pirates of Pestulon* (1989), en el que se presentaban cómicos héroes de acción en las oficinas de Sierra disfrazados de aquellos *andromedanos* tan entrañables. Esta técnica de vender comedia en televisión se repitió en el relanzamiento de *Space Quest I: The Sarien Encounter* (1991), rediseñado para VGA. Los componentes estéticos de estos anuncios son la comedia absurda y la sobreactuación para dejar claro cuál es el tipo de humor que cataloga a estos videojuegos, pero también para presentar a la audiencia a los programadores y sus personajes.

Los videojuegos de Lucasfilm Games también utilizaron medios televisivos para vender sus productos. En 1990 se lanzó el anuncio de *The Secret of Monkey Island*, con menos comedia y más énfasis en las actuales características del juego, un narrador indica todas las virtudes del motor SCUMM en menos de un minuto, resaltando las «complejas conversaciones» y los «puzles de lógica» que el jugador encontrará. Todo ello sin la necesidad de actores o exageraciones sobre el material original, ya que solo se enseñan imágenes de Guybrush caminando e interactuando eventualmente con algún personaje u objeto por la isla Mêlée para no destripar todo lo que está por suceder.

La estética de los anuncios cambió completamente al llegar el siglo XXI, sin duda por la influencia de los tráileres cinematográficos. Donde antes se vendía el producto como un *software* de ocio, ahora se venden las aventuras, y para ello se presentan a los personajes protagonistas como los héroes de acción, envueltos en secuencias concretas llenas de vida. El realismo de los últimos años contribuyó de sobremanera a que esto fuese posible, pero no fue lo único que alteró la forma en la que se venden videojuegos. Al hacer un énfasis en la narrativa más que en la jugabilidad, se infiere que esta última está garantizada, y esto es posible porque la audiencia a la que está dirigida ya conoce el repertorio.

Juegos como *Max Payne 3* (2012) inician su tráiler con la voz del personaje protagonista hablando en primera persona sobre el violín tan conocido en esta serie. Las compañías desarrolladoras y productoras se rotulan como los créditos de las productoras de cine mientras la música se eleva y escenas a cámara lenta de instantes argumentales clave dominan la pantalla. Los antagonistas se presentan y el clímax del tráiler llega finalizando con el título del juego. Es necesario añadir un mensaje que indique que «todo el anuncio ha sido realizado utilizando imágenes del juego» para no confundir al espectador que ve el anuncio como viendo una pequeña historia.

En *Uncharted 4: A Thief's End* (2016) se cuenta la historia de los dos hermanos que buscan las reliquias con casi todo el mundo en su contra, también mediante imágenes reales de la partida, doblado como una película hollywoodiense y un guion propio también de un éxito cinematográfico.

La estética de los tráileres ha cambiado porque han cambiado los juegos, pero también porque las disposiciones se han relegado a un segundo plano y, salvo mínimas excepciones, están casi reservadas para las producciones independientes. El videojuego como cine interactivo se ha hecho ya un hueco en la mente de los consumidores de este tipo de productos y ya forma parte del repertorio. Así, ya no hace falta mostrar cómo manejar el juego, no hace falta explicar las virtudes del motor SCUMM o el indicar el funcionamiento por medio de clics de ratón y, mucho menos, no es preciso añadir secuencias humorísticas ajenas al videojuego en sí mismo, aunque sea relacionado en un difuso contexto. Ahora se vende el juego tal cual, la aventura que se le promete al jugador-espectador. Por un lado, es regresar a los comienzos de la publicidad de los videojuegos secuela sin argumento, como *The Incredible Machine 2* (1995), pero por otro, en la narrativa especialmente, es disponer de productos del repertorio listos para ser lanzados.

Es tal la función repertorial que, con tan solo conocer el género, el receptor del mensaje publicitario dispuesto a modo de tráiler ya sabe cómo ha de jugarse. Si es de acción en primera persona las teclas `W`, `A`, `S` y `D` dirigen al personaje y seguro que la rueda del ratón es la encargada de cambiar de arma. El manual de instrucciones que antes se encubría de revistas, pósteres o antiguos libros relacionados con la temática argumental son ya innecesarios porque la inmersión en la aventura está ya incorporada por medio del género.

No son muchos los juegos que modifican las «reglas» establecidas en cuanto a cómo el jugador-percutor proyecta sus intenciones en el juego, y cuando se hace, o estamos ante el emergente nacimiento potencial de un género nuevo (casi siempre es un subgénero), o es porque la jugabilidad forma parte de esas reglas, esto es, en los controles está el *ludos*.

Las fórmulas de los juegos están tan estudiadas y tan incorporadas en los repertorios, que es difícil encontrar algunas nuevas, pero cuando se hace suele ser en forma de juegos independientes. Una de las fórmulas más novedosas es la de aquellos juegos donde el *ludos* se encuentra en la aplicación de objetos, pero estos se obtienen por combinación de otros ítems entre sí. Son los juegos de *craft*, como *Minecraft* (2011), que definió una nueva modalidad más ajena al tiempo y más implicada con cómo se trata al entorno, hasta los videojuegos de supervivencia como *Stranded Deep* (2015a), inspirado en la película *Cast Away* (2000); o *ARK: Survival Evolved* (2015a), de la misma premisa lúdica pero en un entorno de dinosaurios que trata de incorporar los más nuevos hallazgos con los que la paleontología ha contribuido en los últimos años. La particularidad de estos juegos es que convierten el entorno en la única competencia de juego, por lo que lo único que se requiere es al jugador-percutor, el ambiente donde se encuentra y mueve, y las reglas de combinación de elementos. No necesitamos personajes secundarios o trama. El paso de los días sobrevividos son una manera de llevar la cuenta de la puntuación, y la soledad del personaje principal la característica común a todos ellos. El jugador-espectador disfruta de entornos perfectamente simulados mientras que en el rol de percutor se encarga de interactuar con ellos.

En *Subnautica* (2018) se fue más allá incorporando una narrativa. El personaje protagonista se ve aislado en un planeta cuando su nave espacial es alcanzada por un pulso de energía. Con los recursos mínimos para sobrevivir indefinidamente, pero no para salir del planeta, el héroe se ve obligado a construir bases y herramientas. La historia se va desarrollando a medida que se reciben mensajes de otras naves cercanas al envío de la señal de socorro desde la nave del protagonista intentando ponerse en contacto con él. También se intuyen otras personas en la misma situación que la del personaje principal a lo largo del planeta.

Figura 8.4. Escenarios submarinos en *Subnautica* (2018) apelando principalmente al jugador-espectador.

La estética buscada es puramente visual. El fondo marino es ya de por sí poseedor de una belleza indescriptible, pero más incluso cuando se manufactura haciendo más bello a lo bello y menos presencial a lo aburrido. Los océanos de *Subnautica* están siempre llenos de vida muy colorista, y es precisamente esta estética, realista en sus formas, pero optimizada en cantidades y distancias, la que hace que este juego sea tan deseable.

Lo mismo podríamos decir, en principio, de *No Man's Sky* (2016), solo que en lugar de una belleza submarina se trataría de la exploración de diferentes planetas a lo largo de toda una galaxia. La dinámica es la misma, conseguir materiales (objetos primarios) para construir herramientas y útiles (objetos derivados). El gran problema que este juego tuvo fue comercial, ya que prometía (entre alguna que otra cosa) que cada mundo sería diferente, pero en su lugar se obtienen en muy alta proporción, planetas inertes y rocosos con poco o nada interesante en ellos. Fueron las expectativas producidas por las inconvenientes o desafortunadas declaraciones de Sean Murray, director del proyecto, las que esperaban un *ludos* que no existía.

La dinámica de los juegos de tipo *craft* no se limita solamente a aquellos de gráficos realistas, también se puede ver en los bidimensionales caricaturescos como en *The Escapists* (2014) de Team17. La premisa del juego es fácil: escapar de una prisión. Aquí la estética no es lo atractivo del juego o, al menos, no lo esencial. Lo es, por el contrario, el conjunto de ingenios para poder salir de la prisión, donde el jugador puede elegir cuál ejecutar o cambiar de idea a lo largo de la partida. Es la segunda entrega de este juego, *The Escapists 2* (2017), es donde se aprovechan las opciones de multijugador para que junten fuerzas en la resolución de puzles. Es un videojuego donde premia el *ludos* sobre lo estético, pero de nuevo, intencionalmente, pues quizá este juego no habría sido tan interesante con otros gráficos. El tono en clave de humor en las peticiones de las misiones y favores a compañeros requiere un alejamiento de los aspectos realistas, de lo contrario no se alcanza la atmósfera deseada. Si en lugar de comedia, se mantuviese la misma premisa dentro de un ámbito sombrío y de suspense, no estaríamos hablando de *The Escapists*, sino de *Prisoner of War* (2002), que luce gráficos tridimensionales en busca de realismo.

Pero *The Escapists* salió al mercado doce años después de *Prisoner of War* y ambos comparten la misma premisa. Sin embargo, la diferencia principal es la audiencia a la que se dirige, siendo en el primer caso a complacer a un jugador-percutor más que otros de sus roles, y al jugador-actor y jugador-espectador en el segundo. El jugador no se ve inmerso en la aventura del mismo modo en ambos juegos. En *The Escapists* no se interpreta al personaje ni se busca intencionalmente tanto involucrarlo en ciertas actividades que en su otra contrapartida realista sí es deseable. El riesgo es un factor decisivo también. En la versión bidimensional y caricaturizada no se tiene en cuenta el peligro porque este no es tal. Es cierto que el personaje puede ser confinado temporalmente o terminar en la enfermería tras un conflicto con los guardias o compañeros, pero únicamente es un inconveniente que no termina la partida, solo retrasa su fuga. En *Prisoner of War*, por el contrario, los estados de fracaso contenidos en su *ludos* convierten cada partida en una posibilidad para que el jugador pueda interpretar el papel del prisionero que quiere darse a la fuga.

Las disposiciones que llevaron a un desarrollador a ingeniar un nuevo *ludos* se convirtieron en repertorio en el momento en que se sentaron sus bases y otros juegos lo tomaron prestado. Ahora, formando parte del repertorio, es conocido por los jugadores y no requiere presentación previa.

* * *

Tenemos que preguntarnos si un producto nacido de las disposiciones de un artista nace de la aceptación social y su correspondiente pertenencia al repertorio; o si es precisamente su entrada en el repertorio la que provoca la aceptación social. Personalmente, me inclino más por lo primero. En cuanto un producto tiene una buena respuesta social, este se deja de ver como inédito y se replica. Cuando estas réplicas forman parte del conocimiento colectivo de la comunidad de jugadores, entonces se toma como algo normal, menos disposicional, y más en el repertorio para que otros nuevos desarrolladores puedan hacer uso de él.

9

VIDEOJUEGOS INDEPENDIENTES (*INDIE*)

Todo avanza demasiado rápido como para poder retener el repertorio. Esto se debe a un «desacoplamiento» social. En los tiempos de los orígenes el avance estaba limitado por la tecnología. Ahora, esta nos ofrece posibilidades casi infinitas que, junto con el incremento exponencial de desarrolladores al estar las herramientas al alcance de cualquiera, los cambios suceden demasiado rápido como para poder fijarse en ellos y que impacten en el repertorio. Esto produce un doble problema: por un lado, el repertorio se mantiene estático —o así parece a ojos del desarrollador y del consumidor—, y por otro, los resultados de las disposiciones no llegan a dejar su huella. Esto da como consecuencia, o productos invisibles que solo son conocidos por una minoría, o fugaces modas que desaparecen enseguida.

La transición de los videojuegos desde los ochenta a justo los comienzos del siglo XXI fue rápida, pero no tanto como en los diez años que siguieron. Se trataban de vender más títulos aprovechando motores gráficos antiguos que permitiesen lanzar más productos más rápidamente sin un desarrollo largo y tedioso. Algunas compañías comenzaron a desarrollar motores en lugar de videojuegos y vendían licencias de uso para otras firmas que querían el producto terminado en un tiempo récord. Si siempre se utiliza el mismo motor, la estética tiende a establecerse porque en computación esta se genera a partir de las posibilidades del *software* que la sustenta. Hubo una época donde todos los videojuegos del mismo género parecían ser el mismo.

Así también, por motivos mercadotécnicos se lanzaban más títulos de ciertos géneros y se relegaban otros al pasado. Los juegos de aventuras cayeron en una época oscura pese a que se intentaron recuperar, incluso con grandes promociones. En 2012, los «dos tipos de Andrómeda» y programadores de la saga *Space Quest* de Sierra, Mark Crowe y Scott Murphy, trataron de recaudar fondos para hacer una nueva entrega «espiritual», esta vez con actores de doblaje y un gran presupuesto.

> La forma en la que los juegos eran hechos y llegaban a los hogares de un jugador ha cambiado mucho, y nunca se ha dejado de hablar acerca del género de los juegos de aventura y cuánto se le echa de menos. Estamos adaptándonos a los cambios, aprovechándonos de ellos y trazando nuestro propio camino a través del espacio y con ganas de encontrar ese aroma a juego nuevo.[13] (Murphy y Crowe 2012).

Sin embargo, el proyecto no cristalizó y aún en 2017 no ha visto la luz pese a haber recaudado los fondos que el desarrollo exige. Ambos creadores mantienen que pretenden finalizarlo, pero le dan prioridad a otros productos que desarrollan simultáneamente, como *Cluck Yegger in Escape From The Planet of the Poultroid* (2015). Si bien los ex desarrolladores de Sierra querían adaptarse al nuevo mercado manteniendo vivo el espíritu humorístico y narrativo de los años noventa, también antiguos programadores de LucasArts de títulos como *The Dig* (1995) y *The Curse of Monkey Island* (1997), llevaron a cabo un proyecto en 2008, *A Vampyre Story*, queriendo traer de nuevo el estilo de las aventuras *point & click* de la era *Grim Fandango* (1998). El proyecto se finalizó y comercializó, pero la recepción del mismo no fue la esperada. La estrategia de mercado se basaba más en los autores que el producto. No se recuperaba un género anterior, sino que se comercializaba la nostalgia y, con ella, se intentaba adquirir cierta cuota de mercado.

En otras palabras, en ambos casos producían replicando las obras que habían tenido éxito en otra era, un poco más por técnica y replicación de entregas exitosas del pasado que, por creatividad y pese a que se podía entrever rasgos que solo podían venir de desarrolladores sensibles y disposicionales, se percibía una adaptación al mercado, pero en lugar de proceder directamente de la industria, *i. e.*, de las grandes firmas ya establecidas, surgían de manera independiente de los propios desarrolladores originales, aunque como es lógico derivó en que formasen pequeñas empresas que poco a poco se amoldaban a esta industria, por su parte Scott Murphy y Mark Crowe formaron Guys From Andromeda, LLC; y Bill Tiller, antiguo artista conceptual de LucasArts, fundó Autumn Moon Entertainment en 2002. Poco a poco se convertían en más ladrillos de la compleja estructura de la industria en un mundo que no permite casi ninguna otra opción.

13. *«The way games are made and gotten into a player's home has changed greatly, and you have never stopped talking about the adventure game genre and how much you've missed it. We are adapting to the changes, taking advantage of them and charting our own course through space and looking forward to finding that new game smell».*

La recepción no fue excepcional porque el mundo de los videojuegos (y de la informática en general) avanza demasiado deprisa. Cuando estas obras, pocas décadas atrás formaban parte de un ámbito puramente disposicional y dionisíaco, los desarrolladores de *software* mezclaron con lo artístico sus conocimientos ingenieriles crearon una nueva manera de combinar el juego con el arte. Dieron un nuevo papel al *ludos* y reescribieron las reglas que definen la palabra «juego». Pero quizá el hecho de nuevos avances en tan poco tiempo obliga que las nuevas tendencias releguen a las viejas a un estado de olvido que, por la necesidad del repertorio de acumular con persistencia, no se desvanece, pero no llama tanto la atención.

Solo en aquellos espectadores en los que ha producido un «viaje» —el *nóstos*—, el dolor de partir desde aquella época dejaba de estar en contacto con un producto creativo y disponía de un *ludos*, y permite que aún exista cierta audiencia que pida esos títulos, aunque ya no en la forma de un mercado gigantesco, sino de una sola minoría que ha crecido desde entonces. Y es dolor porque siempre se siente tal sensación al verse privado de la presencia de algo que servía a dicho viaje: es por esto que es nostalgia. Y se utilizó —y ahora se utiliza— como técnica de mercado desde entonces, aunque no de la misma manera.

Cuando esto ocurre y son los jugadores mismos los que se convierten en desarrolladores, nacen los videojuegos independientes de estética *retro*. Antiguos fans que ahora son programadores independientes emprendiendo un nuevo camino y alimentados por experiencias y vivencias. Un intento por recuperar las formas del pasado al tiempo que se proponen nuevos conceptos. Se *reimaginan* los proyectos del pasado, igual que ahora hay grandes herramientas de edición al alcance de todos, también se realiza en el ámbito cinematográficos.

Con la tecnología contemporánea, los cinéfilos de hoy no tardarán en comenzar a utilizar herramientas de edición para reordenar películas, modificando escenas, eliminando las sobrantes o añadiendo escenas inicialmente descartadas para dar vida a un nuevo filme. Mismos personajes desde otros ángulos y con diferentes énfasis, y un guion no necesariamente parecido al original. No es muy diferente a lo que Ridley Scott hizo con *Blade Runner* (1982) tras añadir la escena de unicornio y cortar el final original, pero pronto los directores serán los propios espectadores dando lugar a un nuevo rol, el televidente-editor, o trasladado al mundo de los juegos, el jugador-editor, pudiendo llegar a confundirse con el jugador-programador. Un ejemplo en el mundo de los videojuegos es lo que ha ocurrido con *La abadía del crimen Extensum*.

9.1 USO DE LA NOSTALGIA

La manera en la que antiguas obras impregnan la mente de los espectadores es permanente y persistente durante la vida de todo espectador. A principios del siglo XXI se trató de recuperar la estética antigua, ya sea en elementos visuales, musicales, narrativos o lúdicos, que también tienen la suya propia. Y funcionó a pequeña escala porque no existía en el aspecto social un apego hacia aquellos productos por la constante y creciente publicidad que se hacían sobre los más recientes, que tanto tenían que ver con el desarrollo de las nuevas consolas y mejoras en ordenadores. Solo para los antiguos espectadores tenía sentido aquello porque lo habían vivido en el momento adecuado, cuando era novedad y a su vez era disposicional.

Sin embargo, también fue el desarrollo tecnológico y de comunicaciones, como lo es la expansión de Internet a cada hogar, lo que repercutió gravemente en la taquilla cinematográfica. Parecía que la única manera de atraer a espectadores al cine era recuperando viejos títulos que, a modo de secuela, continuaban contando las historias de los viejos espectadores. Así, la industria hollywoodiense lanzó títulos como *Rocky Balboa* (2006) seguida de *Creed* (2015), *Rambo* (2008), *Indiana Jones and the Kingdom of the Crystal Skull* (2008), *Jurassic World* (2015), *Blade Runner 2049* (2017), recapitulaciones de *Star Trek* y *Star Wars*, entre muchas —muchísimas— otras.

Estas acciones de la industria transformaron la sociedad, como tenía previsto, generando una catarsis mercadotécnica (que para los espectadores siempre es catarsis auténtica porque es subjetiva), y reformando el repertorio. Cuando esto ocurre, el impacto social se propaga, y lo que antes era un eco del pasado para los antiguos espectadores, ahora se convierte en una moda social, algo que «hay que tener» porque así lo marca la aculturación de la industria.

En definitiva, se comercializa con la nostalgia, o esta se utiliza como reclamo para comercializar otros productos. Al ser productos artísticos siempre hay espectadores, pero al estar inmersos en una corriente consumista, a veces se confunde lo que el espectador quiere ver con lo que cree que ha de ver. Y esto lleva a las compañías a perfilar sus productos lanzándolos de nuevo, tratando de mantener todo lo bueno que había en ellos y al mismo tiempo teniendo que innovar en algún aspecto, el narrativo fundamentalmente, pues casi siempre se está contando una historia. Es entonces cuando, bien para hacerle recordar al espectador cuáles son las fuentes originales de tales productos, o para recrear la conexión verdadera que tuvo lugar en el pasado con los mismos personajes o escenarios, se añaden referencias, no necesarias, pero sí que llevan la atención al producto original y auténtico que fue el que inicialmente transformó al espectador contemporáneo. Se intenta, por medio de recuperar pequeños elementos simbólicos del pasado, conseguir el mismo estado y misma sensación que tuvo en primer lugar.

Así, se incorporan pequeños detalles en las secuelas antes mencionadas, algunas un tanto escondidas y otras deliberadamente visibles, como el chándal gris que Adonis Johnson porta en *Creed* durante el montaje del entrenamiento o el ejercicio de hacerle perseguir una gallina, como cuando Mickey entrenaba a Rocky; o el tributo a Marcus Brody en la entrega de Indiana Jones de 2008, la bengala en *Jurassic World* (2015), por mencionar solo unas pocas. También hay referencias entre diferentes filmes, a modo de guiños, generalmente entre películas del mismo director o de temática semejante, como es la sutil aparición de R2-D2 en un fotograma de los escombros a la deriva en el espacio en *Star Trek* (2009), o la aparición en forma jeroglífica de C-3PO y de nuevo R2-D2 en *Raiders of the Lost Ark* (1981) cuando Indiana y Sallah encuentran el arca.

Esto se extrapola también a los videojuegos, no solo en la forma de secuelas, sino en entregas independientes que, como homenaje a la cultura de los ochenta, se remonta a aquellos años. Por ejemplo, *Randal's Monday* (2014), que es una aventura gráfica basada en referencias a la cultura popular de los ochenta y noventa, como un compendio de esta, hasta el punto que la premisa principal del juego se basa en *The Groundhog Day* (1993). Este juego está dedicado a una audiencia muy particular, pero que coincide que es el sector que más consume videojuegos, entre los treinta y los treinta y cinco años, que es justo la audiencia que puede captar todas esas referencias (Grubb 2014; Statista 2017). El doblaje original está formado por parte del reparto de *Clerks* (1994), y en castellano por figuras muy reconocibles como Ramón Langa (voz de Bruce Willis), Pepe Mediavilla (voz de Morgan Freeman) o Mar Bordallo (voz de Kaley Cuoco), entre varias docenas más. Es una gran producción de recursos para un juego de aventuras del género de comedia negra, pero son voces reconocibles, muchas de ellas también parte de los recuerdos de la audiencia a la que está destinado el juego.

El actor que interpreta a Randal en la versión original describe el juego como un homenaje a las clásicas aventuras de LucasArts (Anderson y Mewes 2014), y no le falta razón pues la mecánica es exactamente la misma. Lo que está entrando en el repertorio contemporáneamente en el mundo de los videojuegos son las referencias a la temática de los ochenta y principios de los noventa, pero además utilizando el repertorio de hace dos décadas aproximadamente, de manera que la manera de jugar entra dentro de los factores nostálgicos también.

Desde su pantalla de inicio en la que aparecen disquetes que hace décadas dejaron de ser usados, vemos una introducción que recuerda a la antigua televisiva *Twilight Zone*, comenzada a finales de los años cincuenta, pero adaptada, primero en los años ochenta y después una vez más en 2002. En esa secuencia aparecen objetos reconocibles y referenciales tan aleatorios que solo pudieron haber sido introducidos por el autor de una manera deliberada, pero sin necesariamente esperar que sean detectados, ni mucho menos que sirvan al argumento. Es una cuestión puramente estética, como es ver al reloj en forma de gato de *Back to the Future* (1985) o los logotipos comerciales de ficción de cerveza Düff de *The Simpsons* o la bebida refrescante Slurm de *Futurama*. O los mismos pósteres de la habitación de Randal de juegos como *Day of the Tentacle* o novelas gráficas como Sin City. La misma máquina recreativa que tiene en su cuarto es *Polybius*, sobre la que existe una oscura historia. Todo es la aplicación del repertorio de las referencias de los ochenta a un juego que imita la estética de la misma década.

Figura 9.1. Escena de *Randal's Monday* (2014) en la tienda de cómics de Charlie donde se exponen muchas referencias a la cultura popular de los años ochenta.

Los píxeles de las entregas de finales del siglo XX quedaron grabados en las mentes de los jóvenes jugadores-espectadores, y algunos de ellos se convirtieron en los desarrolladores de hoy que, tratando de luchar contra la imposición repertorial e imponer su estética añorada de años pasados, se influencian por la nostalgia y el *nóstos* que dejó su impronta en sus mentes.

9.2 RESTAURACIÓN Y REDISEÑO

En 1987 fue lanzado en España uno de los juegos que más definieron la edad de oro del *software* español, basado en *El nombre de la rosa* de Umberto Eco, aunque renombrado a *La abadía del crimen* por motivos legales, siendo esta una razón más por la que su éxito no fue incluso más marcado. El *software* español estaba en su mejor época y tenía incluso un gran impacto en la prensa. El dominical de *El País* dedicó un artículo en el que se daba a conocer a los miembros de Dinamic y Zigurat (El País 1987). No cabía duda de que fue uno de los mejores momentos para el despegue en una época de innovación.

La estética de *La abadía del crimen* marcó un hito (al menos en España) y fue promocionada como «aventura en tres dimensiones». Era una vista isométrica en la que la cámara rotaba según la pantalla para dar un aspecto cinematográfico que no se vería muy integrado en los videojuegos hasta ya bien entrados los 16 bits. Quizá esto fue lo que provocó que Paco Menéndez ganase por unanimidad el premio Microhobby al mejor programador del año 1988.

Aunque el diseño de Juan Delcán para la carátula busca realismo, contiene los elementos del diseño de la época muy similares a los de los tebeos. Las dimensiones y proporciones son exactas, pero se encuentra una optimización entre el tiempo de trabajo y el grado de realismo máximo. En 2014 se publica *Obsequium*, un libro compuesto por las experiencias de personas del ámbito del videojuego al que hace referencia, como José Antonio Morales (fundador de Opera Soft), Antonio Giner, Manuel Pazos (autores de reediciones y nuevas versiones), entre muchos otros. El título es reconocible para cualquiera que haya invertido una gran cantidad de tiempo delante de la pantalla donde fray Guillermo y Adso tratan de resolver el misterio que oculta al autor de los crímenes de la abadía, y la cubierta es un nuevo diseño de la carátula original, pero más acorde con los tiempos de hoy, esto es, más caricaturizado.

Pero el diseño durante la partida, aunque tenía aspectos muy novedosos desde el punto de vista ingenieril como la continuidad del escenario, la estética en sí de la vista isométrica ya era conocida en aquellos años. Esto no elimina los nuevos ingenios de multipantalla y de ilusión de espesor y profundidad, o la manera de guardar tanta información arquitectónica en tan poco espacio.

Con el tiempo, y al ser un juego que define a una generación, aparecieron reediciones hechas por antiguos jugadores que querían recuperar el espíritu de su infancia. Movido por la nostalgia, Antonio Giner lanzó alrededor de 2008 una nueva versión a imagen de la original en contexto gráfico, aunque con una banda sonora, una paleta de colores más extensa que los colores de los Amstrad o Spectrum y una gran cantidad de traducciones a otros idiomas para el texto informativo en pantalla. En otras palabras, la estética visual se mantuvo ampliando el número de colores, algo que podemos intuir que el mismo Juan Delcán habría realizado si esa capacidad estuviese disponible en su época. Algo parecido hizo Manuel Pazos en Java.

En 2016 y con la ayuda gráfica de Daniel Celemín, Manuel Pazos también se embarcó en otro proyecto con la programación de *La abadía del crimen Extensum*, con grandes mejoras gráficas y sonoras. La historia es más fiel al argumento del libro y película en la que el juego original se había basado, *El nombre de la rosa*, pero el aspecto *retro* gracias al *pixel art* de Celemín le da ese toque nostálgico. El motor y la perspectiva se mantienen, pero se cambia la historia a una más extensa, se mejoran los gráficos hasta el punto de poder reconocer a Sean Connery, pero no tanto como para que deje de seguir evocando el juego original. No obstante, el *ludos* es completamente diferente. Aunque el protagonista tiene que seguir cumpliendo con los deberes monacales entre asistencia a oficios, horarios de refectorio y noches en su celda, el tiempo no transcurre de manera automática. Del mismo modo que los juegos de aventuras tradicionales —los que no estaban entremezclados con componentes de *RPG* como la serie *Quest for Glory*, (1989–1998)—, la componente temporal es estática y dependiente de las acciones del jugador. La exploración queda restringida únicamente a moverse por la abadía en los ratos en los que el protagonista puede hacerlo, que en este caso carece de la presión, riesgo y dificultad del original. El componente de *ludos* relativo a los estados de éxito o fracaso se centran, de nuevo, en la recompensa de ver avanzar la historia, pero nunca más en todo aquello que compete al jugador-percutor.

Figura 9.2. Carátula original de *La abadía del crimen* (1987) diseñada por Juan Delcán.

Se elimina la autonomía del juego y lo convierte en una máquina de estados finitos donde un estado no se puede dar hasta que el jugador ejecute cierta acción. La narrativa, por tanto, gobierna el videojuego y lo hace menos juego y más historia. Es el mismo proceso que llevó a las aventuras gráficas a ser lo que son, llevando el estado de recompensa al de ver más de la historia. Aunque completa el argumento y le da forma, el *ludos* deja de ser el que era. Ya no es necesario la prueba y error porque ya no puede existir error.

Existía un punto de *ludos* basado en la investigación nocturna referente a la acción de escabullirse del siempre vigilante abad, con un sueño ligero que le obligaba a recorrer las estancias de la abadía con el peligro de descubrir fuera de su celda a fray Guillermo y Adso. Ese componente lúdico sigue existiendo, pero ahora en esta nueva versión, aunque se puede desactivar, un icono en la parte superior derecha se informa al jugador acerca del estado del abad. La tensión nunca es tanta, el juego es más seguro y el riesgo es casi nulo.

Vemos que para reducir el riesgo se amplió la información al jugador al tiempo que se retiró la autonomía del videojuego. Se hizo más para el jugador-espectador que está pendiente de la trama que para el jugador-percutor que es parte de la misma. El jugador-actor puede florecer más fácilmente, pero a costa de cambiar todo el *ludos*. No obstante, la estética visual es fiel a la original, a la buscada por aquellos llenos de nostalgia. Quizá tratando de recuperar los aires de antaño, que ya nunca serán iguales, o de completar su viaje con nuevas experiencias que están ligadas a las de su pasado.

En resumen, vemos que el aspecto visual se mantiene en un viejo repertorio, el de la estética de ocho bits, mientras que el *ludos* se aparta de la autonomía tan innovadora en los ochenta, tan poco vista en los noventa, y más potente ahora, para regresar a otro repertorio, el del determinismo completo. Y, sin embargo, la buena recepción de *La abadía del crimen Extensum* viene dada por su fidelidad al original, que se mantiene únicamente en la estética visual: los ocho bits tan de moda ahora.

Esta generación con tanto apego por los ochenta sigue pendiente de su nostalgia y quiere más. Siente «dolor» por ya no sentir lo anterior, siente nostalgia y quiere revivir y revivenciar aquello que le fue dado en el pasado. Pero ya no son épocas de descubrimiento, sino de redescubrimiento. Es por esto que busca estéticas tradicionales convirtiendo en optativo aquello que antes era necesario, el *pixel art*. Lo que una vez no podía ser de otra manera, con o sin repertorio, ahora ha pasado a serlo intencionalmente.

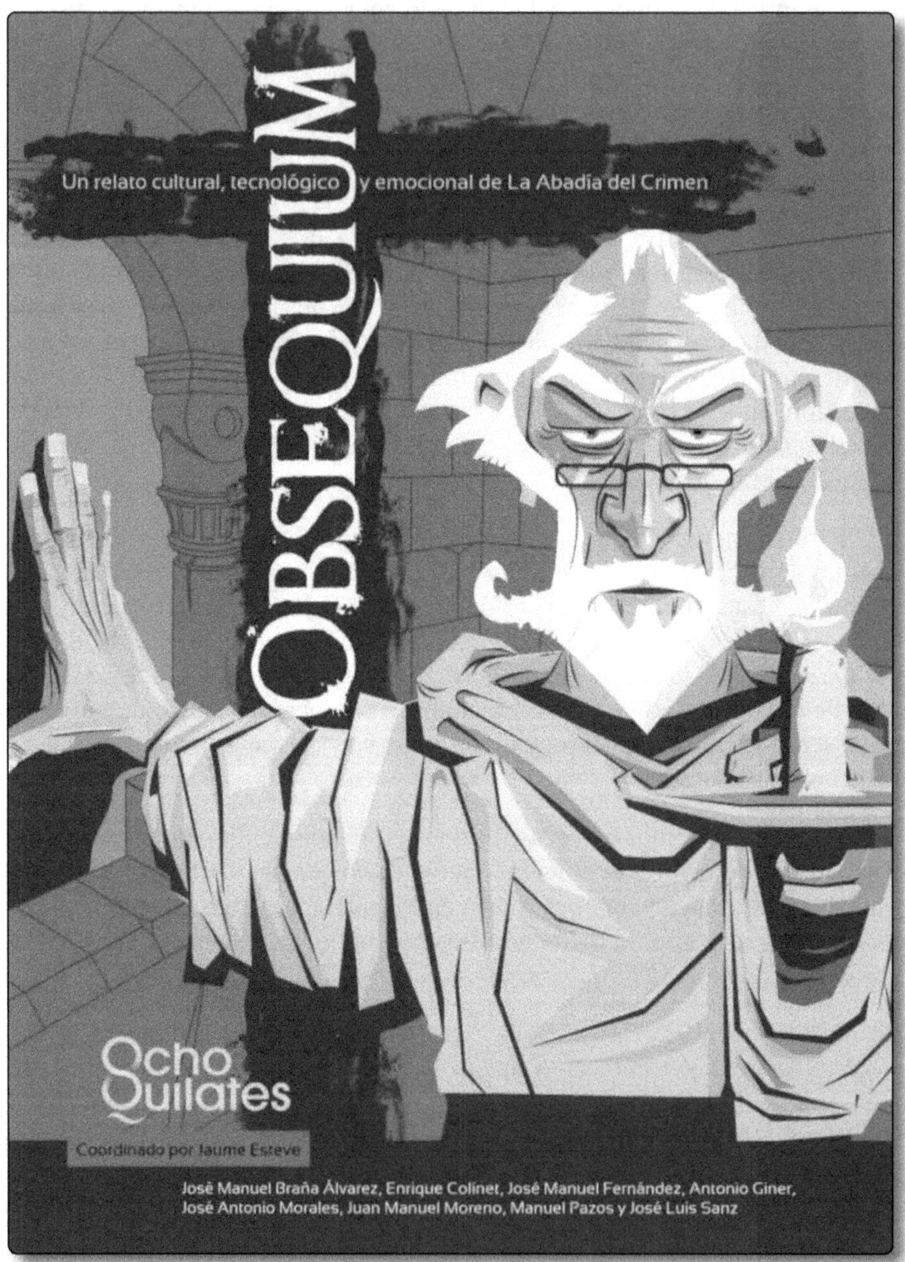

Figura 9.3. Portada del libro *Obsequium* (2014) escrito por gente del entorno de *La abadía del crimen* (1987), tanto de la producción original como de las posteriores reediciones.

10

ESTÉTICAS DESTACABLES

10.1 ESTÉTICA DEL BLANCO Y NEGRO

Hace décadas era casi impensable encontrarse un videojuego monocromático salvo que las limitaciones del momento así lo demarcasen, como en los casos de *Asteroids* (1979) o *Lunar Lander* (1979). No es una cuestión de crear una forma de juego determinando su mecánica con sus reglas basadas en los colores como en *Shift* (2008–2016), sino en utilizar el blanco, negro, y sus escalas de grises si procede, como recurso estético para un fin determinado.

Limbo (2010), como ya se mencionó más arriba, representa un mundo onírico o semioníric o lleno de sombras que pueden interpretarse como los miedos del protagonista caricaturizado como una silueta. El desarrollador hace un muy buen uso de la cámara sabiendo situarla más cerca o más lejos dependiendo de la zona que se trate, evitando que el jugador pueda ver lo que está más allá de su campo de visión antes de tiempo. Cuando esto ocurre se ven rayos de luz filtrarse en el fondo creando difusión que recuerda a las películas de terror de mediados de siglo XX. El blanco y negro se utiliza aquí para resaltar las luces y las sombras, que son lo hacen el ambiente de este juego y que contribuye a la narrativa de una manera descomunal, ya que mediante esta estrategia se incita al jugador a ser más jugador-actor aparte del jugador-percutor que ha de ser por cuestiones puramente mecánicas, como en cualquier otro juego de plataformas.

En *Every day the same dream* (2009) —que se puede considerar dentro del género contemporáneo de *art game*—, también la ausencia de colores se utiliza para apoyar a la narrativa. El personaje gris en un mundo gris no puede ser tal si está en mundo de colores. Solo se utilizan colores para algunos objetos concretos, en particular, aquellos que ofrecen pistas sobre lo que va sucediendo o con los que se puede interactuar. En alguna pantalla se muestra un televisor encendido mostrando colores para llamar la atención del jugador. Es un recurso estético interesante y bien elegido para un videojuego tan pequeño, pero ayuda a mostrar el tipo de mundo en el que el personaje se ha visto inmerso.

En 2013 se lanzó otro juego en Flash, *Lethal Dose*, y también era del género *art game*. Este tipo de juegos están más dedicados al jugador-espectador porque lo que interesa es la trama y, para esta, los personajes. Puede considerarse en este caso como una minipelícula interactiva que conjunta su estética visual con la musical para ambientar la narrativa en los años cuarenta. En lugar de utilizar voz para dar información acerca de los lugares a los que se dirige la protagonista, pequeñas tarjetas de negocios, invitaciones o anuncios aparecen estilizadas de acuerdo con la época. Se conoce al asesino, pero no cuáles son sus motivos y su pasado, y es por ello que la aventura se centra en desvelar esas incógnitas. Es una aventura de autodescubrimiento al estilo del cine negro, heredando su estética de él.

Los controles del juego son sencillos. Para no darle más protagonismo jugador-percutor que al espectador, que es a quien está dirigido, cada posible acción o elección se muestra como indicación de pulsar la tecla adecuada según las teclas de cursor. Es una manera estilizada y encubierta de «pulse tecla para continuar», pero que se integra bien con el tipo de juego. Y requiere del blanco y negro porque está inspirado por el cine negro que ya tenemos más que asociado a las viejas películas de los cuarenta y cincuenta, antes de la televisión a color. Aquí, la ausencia de colores, es un medio para situar cronológicamente al jugador-espectador.

Figura 10.1. *Lethal Dose* (2013) en Flash, con su estética imitando el cine negro e incorporando el degradado en la escala de grises para acercarlo aún más a lo *vintage*.

Otro también muy corto es *The Graveyard* (2008), considerado por muchos con la denominación de *walking simulator*, en el que una anciana visita un cementerio. Dada la temática, la elección de blanco y negro es una idea aparentemente coherente. Los cuervos se oyen mientras la anciana va caminando lentamente con su bastón hacia un banco. Habría que preguntarse cuál es el *ludos* de este juego, porque si de lo contrario no dispone de uno, entonces no podríamos referirnos a él como tal. El blanco y negro se utiliza como sinónimo de una atmósfera triste, identificada con la vida de la protagonista y el lugar en el que se encuentra. En un mundo colorista no se perciben de la misma manera los pensamientos que un espectador percibe como propios de esa mujer. Es preciso, para adentrarse en su vida cotidiana, tener el punto de comparación con otra época no mostrada en el juego, pero intuida. Son las percepciones del espectador, sus experiencias y sus expectativas las que confieren de *ludos* a este simulador. Son videojuegos como *The Graveyard* los que tratan de mostrar la vejez y la muerte, la decrepitud y el cansancio, y necesitan el blanco y negro para enfatizar las características fúnebres de tanto el entorno como del único personaje. No podría impactar de la misma manera sin este monocromatismo.

En 2011 se lanza *Cart Life*, ganador de varios premios. La temática es la subsistencia durante una semana de un inmigrante que pretende ganarse la vida como puede. Los gastos diarios, alquiler, necesidades y vicios tienen que ser pagados con lo que se gana cada día. El *ludos* de este juego, aunque con secuencias para el jugador-percutor cuyo resultado determina cuán bien ha realizado el trabajo diario, se basa en descubrir, a través de sus ojos, esa ciudad en la que vive, nueva tanto para él como para el jugador.

Su vida es deprimente y por eso todo es gris. Muy probablemente, este juego en blanco y negro no sería tan efectivo a la hora de tratar de transmitir la idea de mundo cruel que el personaje está soportando utilizando una estética cromática diferente. Incluso los buenos momentos están envueltos en esa atmósfera en blanco y negro, quizá porque los otros personajes con los que habla, en su medida, también perciben sus alrededores de la misma manera. En esta aventura, el jugador tiene la posibilidad de ser libre, pero estar restringido por los requerimientos, no del juego en sí, sino del personaje. El jugador puede elegir un camino evasivo, pero entonces el protagonista lo tendría más difícil para sobrevivir. El *ludos*, pues, está no solo en hacer que el personaje principal cumpla con las obligaciones del mundo virtual, sino en hacerlo lo mejor posible.

Dentro de lo monocromático y pixelado que es este universo, cada personaje que aparece tiene su propia vida, y algunos más desarrollados, sus inquietudes, tan bien expuestas mediante diálogo que bebe de la estética elegida. Incluso viendo píxeles enormes en las ventanas de diálogo podemos intuir su expresión facial.

Missing Translation (2015) es un juego de puzles dentro de un juego de plataformas. Podría haberse presentado como un juego rompecabezas sin necesidad de personajes, pero ahora requiere de personajes principales a través del cual se operan los controles para resolver los puzles. Todo comienza una noche en la que no pueden dormir y salen a dar un paseo nocturno. En ese instante se convierten en los dispositivos que el jugador utiliza para resolver todos los puzles necesarios. En videojuegos como *Machinarium* (2009), se da solución a los rompecabezas para contar la historia del protagonista, pero en *Missing Translation* la historia es menos relevante. Los puzles podrían haber sido presentados independientemente y sin necesidad de narrativa que, aunque escasa, está presente. Recupera la estética de los gráficos llamados de «ocho bits».

En *The Old Tree* (2012) vemos otro juego dirigido fundamentalmente al jugador-espectador con pequeñas trazas del percutor, que actúa, al igual que, ahora sí, *Machinarium*, para ir resolviendo puzles haciendo clic en el lugar y momento correctos. No sigue estrictamente el esquema del blanco y negro, pero sí utiliza una paleta reducida de colores que trata de transmitir un mundo sombrío. Está dispuesto de tal forma que la impresión que se ofrece es la de permitir que el personaje avance cliqueando sobre los puntos importantes de la escena, quedando el juego en pausa mientras no se hace. No hay riesgo salvo el de no saber dónde hacer clic y, por tanto, que el protagonista no pueda continuar con su aventura.

Papers, Please (2013) no utiliza gráficos en blanco y negro literalmente. En su lugar usa una paleta de colores reducida que trata de crear una atmósfera triste y sombría. Refleja la realidad tiránica de ese mundo por medio de la falta de colores vivos. La ausencia de animaciones también contribuye a ese efecto, que se entrelaza tan bien con la línea argumental. Las impresiones del jugador-espectador contagian a las del jugador-actor para encontrarse en tal situación que el personaje no ha elegido, sino que en su lugar se ha visto obligado a vivir. Solo se puede ver la interminable hilera de gente tratando de entrar en un país donde no existe la libertad a modo de siluetas, impersonales y sin identidad hasta que entran en la cabina del protagonista esperando ser admitidas y presentando toda la documentación exigida.

Nos hace preguntarnos si estamos ante la creación de un nuevo repertorio, ya que todos estos videojuegos comparten mucho más que la escala cromática (o ausencia de ella); también tienen en común la estética gráfica, como es el *pixel art*, fundamentalmente, que retrotrae a la época de la nostalgia de la que hemos hablado en capítulos anteriores. Quizá un repertorio contemporáneo pueda ser el que estudia cuestiones sociales y filosóficas, o que critica ciertos aspectos culturales. Y para ello toma los patrones de una estética pasada, a veces porque no es posible para un desarrollador diseñar figuras según las últimas tendencias gráficas y trae al presente aspectos del pasado, pero otras porque contribuyen a reforzar la premisa principal de la obra.

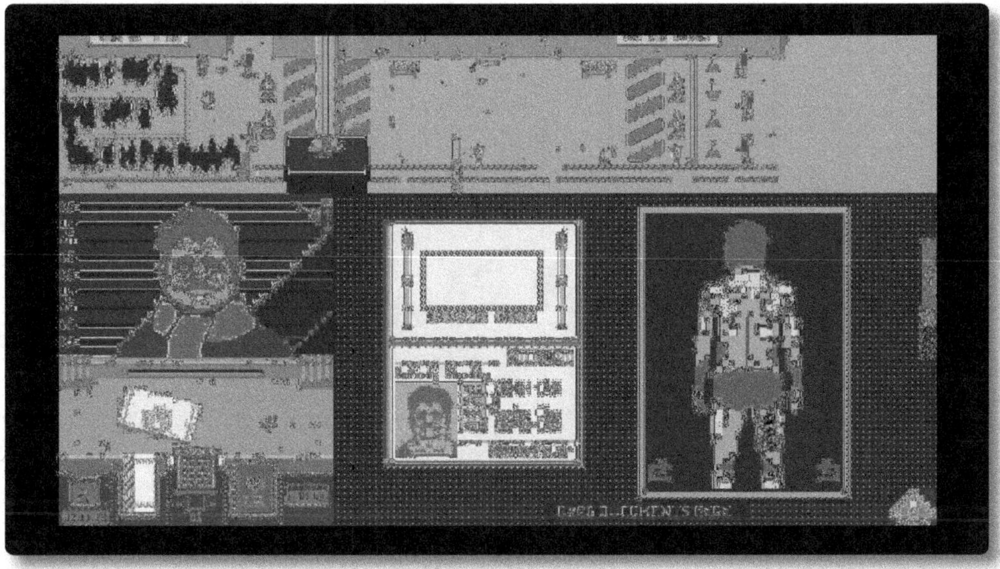

Figura 10.2. Paleta reducida de colores nada vivos en el mundo de *Papers Please* (2013) para remarcar la lúgubre atmósfera.

El blanco y negro (o escalas reducidas al mínimo) se utiliza para concebir esa atmósfera apagada y triste de entorno que se tiene la intención de mostrar. La decadencia, la apatía y el dolor, físico o mental, por el que pasan los personajes. Andrus no sería tan desgraciado en un mundo a color, ni la aduana de *Papers, Please* tan sombría. Pero es justo lo contrario que ocurre en la realidad. En esta siempre se trata de adornar lo conflictivo y sombrío para que dé la impresión opuesta. Se ve en colores mitigados o nulos cuando se representa desde el recuerdo de una vida que lo ha sufrido, es decir, una conceptualización artística basada en las propias experiencias del autor, aunque exageradas o extrapoladas a otros campos, ficticios incluso, tienen una base real. Son obras que se concibieron en la mente del artista por efecto de su *nóstos*, y que generan otro en los espectadores.

10.2 ESTÉTICA DE «OCHO BITS»

Los píxeles son representativos de una época que, ya desde los tiempos de los *BBS*, hizo del *pixel art* (evolución natural del *ASCII art* con el que convivió) una sensación que ahora resurge una vez más, precisamente por ese retorno a las estéticas de antaño.

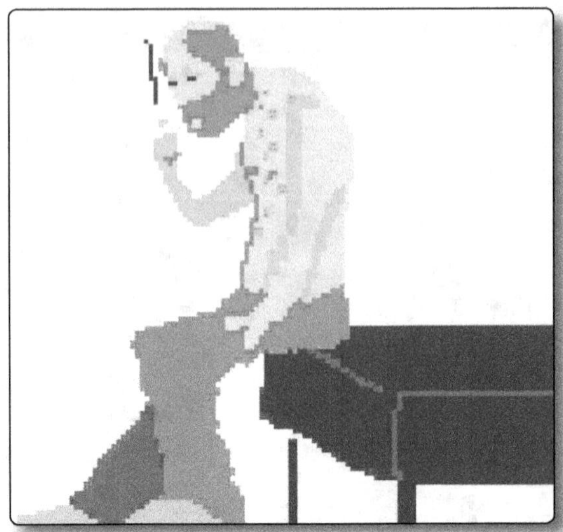

Figura 10.3. Andrus Poder fumando como único momento de libertad tras otro día deprimente en su mundo siempre gris.

Uno de los atractivos de *Cart Life* (2011) es su aspecto pixelado, incluso cuando se hacen primeros planos de los personajes en una máxima resolución, cada píxel es enorme. No es un error, es lo buscado. Atrás quedaron los gráficos perfectamente delineados y representados en una resolución tan alta que hace invisibles los píxeles y los relega a un recuerdo pretérito, remoto y distante.

El trabajo de *pixel art* en muchos de los videojuegos de los que ya hemos hablado y una infinidad de ellos, contemporáneos todos, utiliza la estética de la nostalgia. Las simulaciones como *Digital: A Love Story* (2010) apelan a un tiempo que ya no existe y parece no tener cabida, pero que pervive en la mente de casi todos sus jugadores y, probablemente, todos aquellos que fueron designados como audiencia principal en el momento de su concepción. Los píxeles son sinónimo de pasado, de los ochenta, y con ellos se asocian diversos tipos de *ludos* que ya no son desarrollados en la contemporaneidad salvo por los programadores y desarrolladores independientes que tratan de resucitarlo. O ciertas compañías que disponen de recursos y comprenden que esas disposiciones ya se han convertido en un repertorio fijo que cautiva a muchos.

Team17, desarrolladora independiente y autora de la famosa serie *Worms* (1995–2016), lanzó en 2014 *The Escapists* dibujando, a modo cómico, personajes no muy diferentes a aquellos de finales de los ochenta y principios de los noventa, y pese a estar estilizados, impactan en la memoria de la misma forma. Es, al tiempo, una apelación a una vieja audiencia además de una contribución a la nueva moda de recuperar un de las estéticas tradicionales más entrañables, ahora repertoriales y reconocida en el ámbito social.

10.3 ESTÉTICA MACABRA

Lo macabro siempre ha sido un buen reclamo de grandes audiencias. Desde las ferias medievales mostrando las criaturas más horribles hasta el cine de terror clásico. El ser humano se siente atraído por ese género. Hasta no hace mucho los videojuegos no disponían de una calificación por edades salvo en casos muy particulares como los productos dedicados estrictamente para adultos como *Softporn Adventure* o *Leisure Suit Larry* (*vid.* § 7.1). Esto significaba que, aunque la máxima audiencia por aquellos años era el público juvenil, se podían introducir elementos con doble significado o sencillamente elementos «normales» que después fueron retirados por ser considerados macabros.

Un ejemplo típico es el esqueleto que Guybrush encuentra en el bosque de *The Secret of Monkey Island*. Son solo un puñado de huesos tirados en una pantalla que no tiene ninguna función y su resolución es tan baja que no tienen el poder de evocar nada. Ese bosque actúa como un laberinto y esa habitación es prescindible. Parece ser que fue considerado incorrecto y fue eliminado en versiones posteriores, sin esperar a las ediciones del vigésimo aniversario, incluso en las versiones para PC de los años noventa.

Figura 10.4. Pantalla del esqueleto en una de las primeras versiones de *The Secret of Monkey Island* (1991) donde Guybrush, perdido en un bosque laberíntico de la isla Mêlée, no da crédito a lo que ve.

Es cuanto menos curioso, pues en un juego de piratas, aunque cómico, que no desentona ni lanza ningún mensaje sombrío, y su secuela, dedicada al vudú y los zombis, una escena completa está dedicada a una mortuoria pieza musical con esqueletos danzarines. Los esqueletos no son macabros de por sí, sino aquello que representan junto con el dónde y el cómo lo hacen. *Grim Fandango* (1998) es un videojuego con una temática que referencia a la muerte de manera continua, los personajes son también esqueletos, pero su diseño está estilizado y caricaturizado lo suficiente como para poder olvidar que tratan de representar una forma de vida más allá de la vida. El mundo de ultratumba podría ser otra dimensión ajena a la muerte de no ser porque se querían incluir elementos estéticos y temáticos de la cultura mexicana.

Los esqueletos como enemigos en *Blade: The Edge of Darkness* (2001) tampoco tienen problema. Son seres sobrenaturales que, como en la película *Jason and the Argonauts* (1963) solo sirven para que el héroe sea más héroe. Son el lado del mal y deben ser derrotados. Son parte de ese mundo y contrastan más con los arquetipos representados en los personajes a la vez que se muestran también como un imposible, ya que la primera vez que aparecen no solo son una amenaza típica en forma de enemigo, sino que el jugador no sabe cómo enfrentarse a ellos al desconocer qué pasará al finalizar la batalla. El jugador no sabe si son capaces de «morir» de nuevo pues ya están muertos técnicamente al comenzar el combate.

Figura 10.5. Mítico enemigo inmortal de *Prince of Persia* (1989) que muestra otra manera que el protagonista tiene de deshacerse de sus contrincantes.

En el tercer nivel de *Prince of Persia* (1989) sorprende al jugador con un enemigo incapaz de perder la vida. Es un dispositivo creativo para enseñar al jugador que no todo combate puede terminar despojando a su oponente de todos los puntos de vida. Es un esqueleto y no tiene barra de salud, y aunque el protagonista le aseste varias estocadas certeras, este solo retrocederá un paso para intentar contratacar al jugador en un ciclo que podría durar infinitamente de no ser un juego basado en tiempo. En este caso, el esqueleto, aporta pistas acerca de cómo alterar el *modus operandi* del jugador durante el encuentro con nuevos enemigos. Este tipo de contiendas también tiene lugar en su secuela, *Prince of Persia 2: The Shadow and the Flame* (1993) aunque con una logística diferente en cuanto a los quehaceres del protagonista para deshacerse de ellos, menos basada en profundos fosos y más cercana al bloqueo cerrando todas las puertas a su paso.

¿Por qué en *The Secret of Monkey Island* fue censurado esa imagen que ni siquiera es activa ni necesaria para la partida y de la única forma que se puede interactuar con ella es con el verbo «mirar»? Simplemente porque representa un cadáver en un juego infantil cuando es algo innecesario. Pero en *Indiana Jones and the Fate of Atlantis* (1992) también hay un esqueleto, aunque este está en contexto. No es el cadáver del personaje de Tikal. Es otro esqueleto en las catacumbas de Creta que recuerda mucho al de *Monkey Island.* También, en el mismo juego, en el sendero de la acción, Indy mata a un soldado nazi empujando una losa de piedra sobre él y al examinar el cuerpo, explica: «No queda mucho de él». Otro de los puzles se resuelve portando una caja torácica en la entrada de Atlantis, por no hablar de una habitación completamente llena de cráneos. Es curioso que dos juegos de la misma compañía, ambos tan dedicados al público juvenil, haya tenido problemas con uno de ellos, aunque uno es comedia pura y otro una adaptación de una película de acción.

10.4 ESTÉTICA REALISTA

Realismo como apoyo para el género de terror

Un *Monkey Island* que hubiese sido concebido enteramente con gráficos fotorrealistas no habría tenido tanto éxito. Fue *Phantasmagoria* (1995) uno de los productos más controvertidos de Sierra On-Line en cuestiones argumentales y también un tanto fuera de su línea clásica por trabajar con ese tipo de gráficos (dentro de la capacidad tecnológica de la época). La mecánica del juego en ese aspecto, casi de realidad simulada o como una película interactiva, se entremezcla con una dificultad de controles al tener que ceder jugabilidad en pos de la estética realista. Lo que este juego trataba de buscar era una ambientación adecuada para un género de terror, y nunca hay nada más terrorífico que los gráficos realistas, ya que una caricatura no asusta a nadie, más bien lo contrario, trata de hacer reír.

El mismo patrón lo siguió la saga *Dark Seed* (1992, 1995), aunque en un entorno más bidimensional que el juego anterior. La estética de H. R. Giger, diseñador de los modelos del alienígena en *Alien* (1979), precisa de la realidad para contrastarse con ella. Dentro de las formas que son reconocidas y tratadas como normales, mostear ciertos efectos ficticios, también de manera realista, puede alterar por completo la percepción del espectador. Pero todo esto solo fue posible con el implacable avance tecnológico al ser uno de los primeros videojuegos en utilizar gráficos de alta resolución, expreso pedido del Giger.

El género de terror no tiene posibilidad de cumplir con su función de asustar o impactar psicológicamente sin apelar al realismo visual. Cierto es que los diseños de Giger en *Dark Seed* son ficción imaginativa de un mundo que no existe, pero dispone de todos los molestos elementos que pueden afectar a la psique del espectador al evocar figuras y formas que, traídas de ese mundo de pesadillas a nuestra realidad, generan expectación enervante. Apenas hay color sus diseños, todo es una escala de grises y, en ocasiones, sepias, blancos muy pálidos y ensombrecidos por una oscuridad propia de un reino de tinieblas. Es un subconjunto de la estética monocromática donde las formas son producto de un mundo de terror impresiones angustiosas. Pero nada de eso tendría efecto si no se introduce en un mundo gráficamente realista para generar el contraste, pues sus diseños son el resultado de una oposición contrastadora entre la realidad pura y lo que es ajeno a ella, pero puede dañarla.

Figura 10.6. Escena introductoria de *Dark Seed* (1992). Es el comienzo de las pesadillas de Mike Dawson tras mudarse a su nuevo hogar en Ventura Drive.

En la primera entrega, sin siquiera haber introducido los gráficos de Giger, la sola escena inicial en la que Mike Dawson se despierta en su nuevo hogar transmite un desequilibrio, por las formas y tamaños, y los colores que, sin dejar de ser tales, tienden de forma sutil hacia una escala de grises incluso en las habitaciones que pretenden representar una estancia iluminada por un sol filtrándose a través de las ventanas. La soledad que envuelve al personaje o la frialdad de muchos de los personajes proporcionan el entorno de tranquilidad en tensión, en la que el espectador está esperando que algo ocurra, sin saber exactamente qué. Todas estas cuestiones se complementan para generar una atmósfera harta de elementos molestos que alcanzan psicológicamente al personaje mucho antes de que los diseños de la realidad gigeriana hagan acto de presencia. Para cuando esto ocurre, le jugador-espectador ya ha sido condicionado, y junto con una buena narrativa, el jugador-actor también. Y en ese mundo oscuro, sí que predominan los grises arrancando todo el poco color que existía de la vista del espectador.

En 1993 salió al mercado *Shadow of the Comet* (después renombrado a *Call of Cthulhu: Shadow of the Comet*). Está basado en las historias de H. P. Lovecraft con su tradicional estilo de terror de principios de siglo XX. En el pequeño y aislado pueblo de Illsmouth en Nueva Inglaterra en 1834 y a la espera del paso del cometa Halley una vez más, el fotógrafo John Parker pretende tomar registro del evento. El halo de misterio orquestado por la narrativa y el excelente trasfondo, conjugado con el realismo y la estética del silencio, los gráficos no caricaturescos y los diseños extrañamente familiares, confieren ese toque misterioso propio del género de terror psicológico. El miedo surge del desconocimiento, pero se mueve por la curiosidad del jugador-actor.

Uno de los personajes está basado en Vincent Price, muy conocido en el mundo del cine de terror. Otro diseño está intensamente inspirado en Jack Nicholson, que en los años noventa era ya muy conocido por sus papeles en *The Shining* (1980). Personajes que ya asociamos al género de terror y, por ende, ya forman parte de nuestro subconsciente alimentando así la aventura. Sus representaciones han de ser exactas, es decir, llenas de realismo.

En los juegos como *Alone in the Dark* (1992), el intento por desarrollar una estética realista enteramente en tres dimensiones dejaba aún mucho que desear. Es probablemente este el motivo por el que Roberta Williams, como se ha dicho, optó por el uso de secuencias grabadas o *Dark Seed* seguía siendo una aventura bidimensional. Sin duda, la intención era la de incorporar a una estética oscura y umbría a las últimas tecnologías según lo que demandaba el mercado por aquel entonces. El efecto psicológico no se puede conseguir con unos gráficos que pretendiendo ser realistas no han alcanzado todavía el grado que los separe de una caricatura por completo, por eso el juego de luces y sombras —mayoritariamente sombras— y sustos por sorpresa que dan paso a la secuencia de escape por parte del jugador de cualquiera que sea el peligro que le acecha.

En los últimos años han aparecido ciertos videojuegos de terror que basan todo su potencial de jugabilidad en la atmósfera contenida en un entorno lúgubre y caracterizado por las sombras. El miedo a la oscuridad regresa en la forma de *Outlast* (2013), *Five Nights at Freddy's* (2014) o *P. T* (2014).

Realismo sin terror

En entregas de grandes productoras como Bethesda o Rockstar, lo que se busca es también el realismo gráfico, y es necesario para que la atmósfera creada sea también la que cuenta la historia. De hecho, las críticas que tuvo *The Elder Scrolls V: Skyrim* (2011) son solo relacionadas con la narrativa y el motor que gestionaba las misiones, pero no el detalle gráfico. Ya el mismo diseñador dijo que su forma de jugar era a un «ritmo lento, de manera que se sienta y contempla la puesta de sol, y recolecta todas las flores, y habla con toda la gente» (Rose, Glixel, 2016)[14]. Y así es, en *Elder Scrolls* es posible contemplar paisajes hasta donde alcanza la vista, en el horizonte, al mismo tiempo que uno se puede detener a fijarse en la flora local. El impacto que se genera en el espectador no sería el mismo con algo que no sea identificable con la misma realidad. Las puestas de sol o los amaneceres que tenemos tan arraigados en nuestros recuerdos no pueden ser representados por dibujos animados esperando reproducir el mismo efecto. El realismo, cuando se trata de evocar por medio de lo estético, es esencial. Esto no significa que no se puedan transmitir emociones por medio de caricaturas, pero no en el sentido de buscar una autorrepresentación o una identificación con lo natural.

En series como *Grand Theft Auto* el realismo es necesario también para el efecto que se trata de buscar. Aunque sus dos primeras entregas de vista cenital estuviesen limitadas por la tecnología de finales del siglo XX, a partir de la inclusión de las tres dimensiones como base fundamental para la representación de ese mundo virtual, una estética caricaturesca, aunque posiblemente exenta de tanta polémica como la que tuvo Rockstar, no habría llegado a una audiencia semejante. Los vehículos son ficticios, aunque imiten a los reales, se abollan como en la realidad, explotan sin implicar a marcas comerciales, y el protagonista, sea Tommy Vercetti, Niko Bellic o Carl Johnson, no inflige el mismo temor ni produce el mismo impacto en el espectador cuando golpea a sangre fría, sin causa ni necesidad, a una persona inocente; o cuando atropella a transeúntes desprevenidos conduciendo temerariamente a alta velocidad.

14. *«I like to take in the scenery. So, I'll sit there and watch the sunrise, and pick all the flowers, and talk to all the people».*

Del mismo modo que la repercusión de *GTA IV* (2008) no habría sido la misma de haber sido producido con una estética caricaturesca, *The Elder Scrolls IV: Oblivion* (2006) no conferiría tanta inmersión ni tal sensación de libertad sin mostrar grandes extensiones de tierra de la que el jugador es consciente que el protagonista puede acceder a ellas. El realismo gráfico aporta mucho a la historia a través del entorno que se trata de simular. Cuando lo que rodea a los personajes es más importante que estos, el realismo permite convertir la partida en un simulacro de la realidad, en mayor o menor medida según la temática del videojuego, y cuando esto ocurre, el jugador-espectador puede desprenderse del jugador-actor y solo observar y examinar, ajeno al argumento, fuera de la trama, como un espectador contemplando una pieza en un museo.

11

RETORNO A LOS OCHENTA Y LA GENERACIÓN ESTÁTICA

11.1 ¿QUÉ ES *RETRO*?

Este concepto guarda su importancia de una manera un tanto relativa ya que está relacionado con el concepto de nostalgia, y esta es relativa según las experiencias padecidas y el período vivido. Somos seres históricos que alcanzamos nuestros objetivos partiendo de los cimientos de la generación anterior, con el matiz de que el legado que estas proveen es considerado importante solamente a nivel conceptual, pero no desde la vivencia por dar su existencia por sentado.

Aquellos elementos sobre los que solemos mostrar ciertos sentimientos nostálgicos son los que han formado parte de un período en donde los considerábamos novedosos (dentro de nuestra percepción) y luego han desaparecido, además del vínculo con la infancia que está asociada a su vez a una fascinación del momento particular vivenciado en aquel presente.

Pero, ¿por qué los ochenta precisamente? ¿Por qué no hubo una revolución *retro* de los sesenta a finales de los noventa, o de los años treinta a mediados de los cincuenta? Los finales de los setenta y principios de los ochenta marcaron un hito importante de manera cultural. Fue la primera generación que tuvo acceso de forma regular a las computadoras en sus hogares cuando todavía eran algo relativamente nuevo a la par que desconocido para los demás miembros de la familia, y por ello pudieron ver su evolución y desarrollo, su adaptación y transformación, desde una posición privilegiada de autoridad intelectual, ya que eran estos dispositivos una forma donde el usuario podía ejercer un control sin más límites que los tecnológicos y de un modo determinista, ya que el procesador no puede ejecutar instrucciones que desconoce, y la secuencia que se le impone siempre ofrece los mismos resultados para la misma entrada de datos.

Fue la primera generación que aprendió a programar computadoras por placer y no como parte de un procedimiento profesional. Esto creó un vínculo entre jóvenes cerebros y nuevas máquinas personales en un entorno cuasi cerrado. El resultado fue un gran impacto emocional, ya que ambos evolucionaron juntos, y se generó una ruta de aprendizaje: el joven se instruyó, con cierta dificultad por la carencia de libros —o de su distribución (con respecto a los niveles de hoy en día) ya que en muchas ocasiones solo se contaba con el manual del ordenador— en lenguajes de programación; y la computadora, en su quehacer diario de rutina constante, convirtió aquello para lo que había sido diseñada en ocio, en una actividad que marcaría una infancia.

Estos lenguajes de programación no están considerados idiomas por ser de carácter formal, pero a efectos personales, uno los puede ver como una construcción que cambia y moldea la manera en la que los nuevos pensamientos se generan, quizá ayudando parcialmente a configurar la realidad, o a conceptualizarla de un modo diferente. Este vínculo es irrompible porque está asociado al lenguaje, aunque sea un lenguaje lógico, y se adoptó voluntariamente, no bajo una imposición mercantil.

Y este tipo de comportamiento, como es de esperar en seres históricos como nosotros, pasó su antorcha a la generación de aquellos que comenzaban el milenio. Para cuando comenzaron las consolas de quinta generación como Nintendo 64 o PlayStation, también nuevas generaciones de jóvenes comenzaron a usarlas, sin la herencia histórica que las computadoras de los setenta y ochenta mostraban. Ya no era necesario aprender una disciplina ni una técnica, ni nuevos lenguajes ni las matemáticas necesarias con las que diseñar algoritmos o programas que se acercaban más a la productividad que al pasarlo bien. Se había roto ese vínculo especial y se había sustituido con ocio. Es cierto que un jugador de Atari de entonces tenía los mismos problemas técnicos que uno de PSX. Un usuario de Commodore podía vivir perfectamente sabiendo escribir solamente el comando `LOAD`, pero un usuario de Spectrum tenía más posibilidades de saber programar que un usuario medio de finales de los noventa, aunque este último tuviese a su alcance herramientas superiores.

Pero para esta nueva generación, esas consolas también son englobadas por el término *retro* por formar parte de su infancia. E incluso así, los videojuegos con los que crecieron, en su mayor parte seguían siendo los mismos mundos que llenaron la imaginación de sus hermanos mayores como *Mario Bros.* o *Zelda*, etc., pero con una diferencia: si antes ya formaban parte de un mercado emergente, en ese momento estaban sobremercantilizados. Se vendían títulos y personajes, no aventuras.

No han pasado muchos años desde aquel tiempo, pero se percibe todo lo contrario debido al masivo cambio que supone Internet modificando la forma que tenemos de conceptualizar la realidad, mucho más de lo que un simple lenguaje —natural, artificial o formal— pueda llegar a hacer.

Tras pasar los años y viendo cómo se desdibujaba el fantasma producido por aquel vínculo de los setenta y ochenta, que ahora solo pertenecía al ámbito personal de vivencia de cada uno, pero ya no estaba contenido en la sociedad, la generación *X*[15] (y parte de la *Y*, también denominada *millennial* en inglés), aprovechando su edad, su experiencia vital pasada y la posibilidad de llevarla a cabo, tras convertirse en padres y queriendo compartirla con sus hijos, recuperó todo aquello dentro del marco social de la contemporaneidad. Esto llevó al resurgimiento de los años ochenta en todas aquellas cuestiones pertenecientes a su infancia y su perspectiva de entonces. Eso, sumado al hecho de que no es muy lejana en términos cronológicos y por tanto sociedad puede aceptarlo al no haber un vacío generacional muy extenso, se puede recuperar dentro de un terreno global potenciado por las «nuevas» tecnologías de la comunicación global. Es interesante preguntarse por qué ocurrió esto precisamente con esta generación *X* de forma tan extremada, pero esa cuestión entra ya dentro del ámbito de la sociología.

Así, las nuevas generaciones conocen quiénes son Samus, Luigi o Mega Man (previamente Rockman), visten con camisetas de Pac-Man y van al cine a contemplar las aventuras de *Max Payne* (2008), de Lara Croft en *Tomb Rider* (2001) o adaptaciones con muchas libertades como *Doom* (2005) o *The Legend of Chun-Li* (2009). Sin embargo, estos filmes no fueron creados tanto para las nuevas generaciones como para la anterior. Las películas de los héroes de Marvel y DC, propiedad de Disney y Warner Bros. respectivamente, no son una excepción. Están llevando a una nueva plataforma tecnológica lo que antes se servía en papel, intentando conquistar a un nuevo público a la vez que contenta y cautiva a la generación previa, con guionistas y reparto que muy probablemente crecieron con esos personajes.

El retorno a los años ochenta no es un avance ni un retroceso: es un cambio de formato de lo mismo que existía, y llevamos cerca de cuarenta años sin movernos. Pero esta novedosa representación de lo que siempre estuvo ahí no podría haberse mantenido de no ser por el factor nostálgico. Podría decirse que ha comerciado con la nostalgia, ha llevado al mercado un sentimentalismo del pasado.

---

15. La generación *X* no dispone de un rango concreto de fechas en la que establecerse. En general, se considera a la generación nacida desde finales de los sesenta hasta los ochenta, pero debido al desarrollo tecnológico de diversos países, estas fechas se retrasan pudiendo incluir a los natos a finales de los ochenta, siendo padres de los hoy llamados *millennials*.

11.2 ESTATISMO DE LOS OCHENTA

Habría que preguntarse si los ochenta resurgieron en una época donde los que crecieron con aquella tecnología, entonces novedosa e innovadora, ahora forma parte de una sociedad que añora el tiempo pasado, o si por el contrario, no se retornó a ellos, sino que seguimos en aquella época que durante más de una década y media de confusión desde 1990, producida en parte por la digitalización que en lugar de innovar se dejó llevar por la nostalgia, y es nostalgia real, porque los programadores y desarrolladores de hoy son aquellos que en los ochenta crecieron con estos productos y dieron rienda suelta a su imaginación para albergar en sus mentes, por aquel entonces, ideas de los productos con los que les gustaría involucrarse. Solo con el paso del tiempo y una adecuada exposición al recuerdo, surgen aquellos proyectos que originariamente se idearon, muy probablemente, a mediados y finales de los ochenta, pero influenciados en parte por un programador más serio y maduro que cuando los ideó.

Estas ideas primitivas no estaban sujetas a estudios de mercado ni sondeos, ni esquemas o estimaciones trimestrales de beneficios. Fueron ingeniados por el mismo consumidor en una época donde la imaginación aún no se había corrompido con las incesantes inferencias y bombardeos publicitarios de una época extremadamente consumista.

Así que el hecho de que un juego se diseñe hoy como antaño, antes de las modas, es el resultado de la pura logística. Aquel consumidor que en los ochenta no tenía apenas seis años tuvo que crecer y adaptarse al mundo, tuvo que formarse en el uso de la tecnología para poder doblegarla a su gusto y solo entonces —es decir, *ahora*, pasada la primera década del siglo XXI— pudo realizar (en el sentido estricto de «hacer real») lo que tuvo en mente estas tres últimas décadas. Son *esos* los verdaderos juegos independientes, hechos de manera desinteresada, *por amor al arte* (*ars gratia artis*) cargados de un bagaje personal patente que impregna la obra y de la que no se puede separar.

Antes se podía considerar que un videojuego fuese arte, pero no como tal, no como ahora, sino como el compendio de las artes involucradas por separado en su sustancia. Ahora, esa mezcla de artes consagradas junto con un espíritu nostálgico, en lugar de revolucionar y crear vanguardia, viaja hacia atrás en el tiempo, pero tras haberse consolidado como una sustancia única, un arte único. Al modificarse la concepción de videojuego como «arte» cambia a su vez el legado técnico del pasado y lo comenzamos a ver con nuevos ojos, ojos que ven arte en lugar de ocio, y se trata de reconstruir hoy de nuevo con esa nueva visión.

Es claro ver que los juegos en los ochenta eran como eran por las limitaciones tecnológicas y cambiaron y se adaptaron a los tiempos a medida que esta crecía y en su misma progresión exponencial. Cuando por cuestiones nuevamente técnicas, los primitivos dispositivos digitales portátiles tuvieron un comienzo y primeros años que sirvió de regresión, se volvió al paso inmediatamente anterior.

Salvo por ciertos detalles estrictamente estéticos y propios de una etapa contemporánea, los juegos de ahora para algunas plataformas podrían pasar por videojuegos de mediados o finales de los ochenta. En este segundo caso, entre los ochenta del XX y los diez del XXI solo ha habido un período de adaptación de lo analógico a lo digital.

Fue cuanto menos interesante poder ver que, al igual que ocurre con todas las modas, muchos usuarios de telefonía móvil que antes rechazarían sin dudar el dedicar tiempo a un juego de los ochenta, no tuvieron reparos en instalar y jugar de forma voluntaria a esos juegos cuando se trataba de hacerlo en las tecnologías portátiles. A día de hoy, mucha gente nacida ya en el siglo XXI pasa el rato esperando el autobús jugando al *Arkanoid* de Taito, y muchos de ellos lo hacen sin saber que es una versión basada en un juego lanzado al mercado en 1986 (los setenta si nos remontamos a *Breakout* de Atari).

Pero ese es el retorno basado en las limitaciones tecnológicas que ha traído de vuelta a las tiendas virtuales una etapa que se resiste a perecer. El verdadero regreso a esta época surge con los juegos independientes. No obstante, el mercado no puede desecharse de la ecuación porque por su mera presencia el transcurso de los hechos ha resultado como hoy conocemos, y si bien ha mermado el florecimiento la creatividad digital, ha configurado el presente tal y como lo conocemos. El consumismo ya es un modo de vida, siempre lo ha sido, pero hoy más que nunca porque los aparatos de uso común nos rodean tanto en el ámbito de ocio como en el profesional y el social, esto es, ya forman parte de nuestras vidas hasta el punto de que muchos no conciben una vida sin ellos. Las generaciones *Y* y *Z* no intuyen un mundo sin Internet o sin tabléfonos. Y aunque de ellos depende el futuro tecnológico, es obligación de la *X*, que ha vivido el pasado y comparte con ellos el presente desde con la capacidad de ver un panorama mayor, la que debe dejar de obedecer a sus instintos infantiles del ocio por el ocio (aunque sea en algunos casos una tendencia natural humana) para quedarse con el componente artístico únicamente, y mostrárselo a las nuevas generaciones. Es parte de esta generación de treintañeros camino de la cuarentena los que se apartan del mercado establecido y configuran el suyo propio, independiente, para producir los juegos *indie*.

Los videojuegos independientes contemporáneos son la clave de este ámbito. Todo depende, de nuevo, de cómo se venda en el mercado, y la gente fácilmente impresionable que tiene una carga emocional hacia esos productos, convertidos en un nuevo formato más adecuado para la edad actual del sector al que se dirige, henchidos de la nostalgia de un tiempo pasado, vuelven a ser niños de nuevo, con excusas para serlo de manera indefinida, mientras mantienen su disfraz de adultos.

11.3 «ESTAR SIENDO»

El arte moderno tuvo sus orígenes a principios del siglo XX y pudo haber surgido por la inminente necesidad de escapar de una realidad basada en normas y leyes, y las primeras guerras mundiales. Aunque muchos consideran esas tendencias una forma de desligarse del pasado, puede verse también como una manera de disponer del arte previo de una forma libre. Tras la nueva recesión económica de principios de siglo XXI, el hiperrealismo y el fotorrealismo comienzan un resurgimiento, seguramente por la necesidad de encontrar en el arte un control, una estabilidad no caótica como lo es el surrealismo, sin desafiar tanto a los sentidos y las libres interpretaciones, sino ver un reflejo de la realidad.

Muchos de los videojuegos independientes tratan de mostrar ese reflejo a pesar de beber con ansia de las fuentes. Todo tiende a difuminarse con aspectos que denominamos reales, pero cuando decimos «reales» siempre nos referimos a crudos, oscuros y depresivos. Se ha tratado por tanto tiempo de vender imágenes conceptuales de lo ideal, el protagonista perfecto, el héroe incorruptible, funcionarios con principios, etc., que hemos asociado a lo ficticio la categoría de ideal, y por dualidad, a la realidad no le queda más remedio que ser dura, horrible y corrupta, olvidando que también tiene cosas buenas, aunque no ideales.

Pero ahora las cosas son diferentes: se busca un equilibrio. Del mismo modo que los héroes de hoy no son excesivamente perfectos como lo eran a principios de siglo, aunque se trate del mismo modelo, como podemos ver en las series modernas de superhéroes; ni los villanos son tan malos actuando sin motivación aparente más que su propio mal exteriorizándose, y podemos ver en ellos puntos en común con nuestras propias vidas, nos identificamos con héroes y villanos por igual. Todo tiende a un punto neutral, sin bien excesivo ni mal excesivo, un punto medio donde todo se confunde.

En los videojuegos ocurre lo mismo. Los protagonistas no son ya arquetipos de un modelo a seguir, son solo individuos más o menos normales, dentro de la normalidad que el mundo virtual que los contiene les permite. Los personajes de las artes de hoy no son formas imaginarias sobre las cuales proyectar un ideal de a lo que llegar «en el futuro», sino una identificación de lo cotidiano, de aquello que sencillamente se «está siendo» *en el presente*. En otras palabras, las artes han mutado su mensaje de un pospretérito a una forma perifrástica que recuerda al presente continuo del inglés.

Pero este «estar siendo» no es un «ser» simple y llano. La presencia de «estar» le confiere la momentaneidad, lo perecedero. No es un sencillo ser-para-siempre estático y perpetuo, y quizá es ahí donde radica el engaño. Retomando la «generación estática» en el título de esta misma sección, quizá mantenga su falta de dinamismo por precisamente estar siendo, o por confundir un condicional con un presente. El lenguaje tiene mucho que ver con la manera en la que se forma un entendimiento del mundo que nos rodea, quizá de una forma menos drástica que con la hipótesis de Sapir-Whorf, pero con un gran peso definitivamente. La globalización como proceso de cambio y adaptación, ya casi fuera de los tiempos de conquista e imposición, mediante adopción voluntaria de estilos de vida, no modifica únicamente los elementos del día a día, ni aquellos asuntos morales que definen nuestras normas y leyes, o sistemas e instituciones, también va alterando gradualmente la propia lengua. Se encuentra así un nuevo nivel de complejidad a la lengua castellana, que ya de por sí ofrece su complejidad para estudiantes extranjeros por la distinción ser y estar, ahora se incorpora un término medio, «algo más que "estar" pero menos que "ser"»: estar siendo.

12

NUEVOS HORIZONTES

12.1 SINGULARIDAD Y AUTONOMÍA

Una singularidad, en tecnología, es sinónimo de *IA fuerte*, siendo esta la que iguala o supera a la humana y, por tanto, capaz de replicarse, de aprender y mejorar. Se supone su plausibilidad debido al crecimiento exponencial dado por la ley de Moore, aunque el mismo Gordon Moore dijo que su ley tenía fecha de caducidad (Gardiner 2007) y ya hemos comenzado a ver esa incongruencia.

En la ciencia ficción se la ha asociado con la capacidad de conciencia, sin embargo, no hace falta llegar tan lejos para desprender al espectador de la capacidad de verse absorbido por una obra que no distingue de la realidad. Muchas personas contemporáneas dan uso a la tecnología con un fin básico: la comunicación. Pero al utilizar un elemento no-humano como intermediario para establecer una conversación ya no se charla con otra persona, se charla con el dispositivo.

12.2 PROPUESTA PARA UN VIDEOJUEGO AUTÓNOMO

Lo vemos en toda representación artística contemporánea cada vez más: el protagonista no lo ha de ser tanto. El jugador como tal no ha de ser el centro de atención del mundo en el cual se mueve, esto es, no ha de ser el centro de existencia sobre el cual graviten todos los demás pobladores virtuales, complejos o no, y sus circunstancias. Estos seres también están **vivos** a su manera, al menos para lo que ese mundo les exige, no son menos que la definición de vida que uno de ellos daría en base a lo que conoce. Si la inteligencia artificial de uno fuese tal que le permitiese rozar la real, aunque solo sea en el punto de cuestionarse su propia existencia

—que no solo ya es mucho, lo es *todo*—, no entendería la vida como algo más allá que las funciones elementales para las que ha sido programado. En cuanto su existencia depende de la del jugador carecen de esencia propia. Cuando el jugador y sus acciones se presentan como condiciones *sine quibus non* para la existencia del universo virtual y todo lo que contiene, esto es, todos los pobladores, todas las simulaciones y emulaciones, todas las alteraciones programadas y aquellas otras debidas a errores inesperados o *bugs*), reduce, por no decir que anula, la condición de *ser*, de toda forma de inteligencia virtual. Se reduce a una mera computación toda la esencia vital artificial a un minúsculo árbol de decisión sin que el portador de ese árbol pueda decidir por sí mismo.

Una aventura moderna ha de permitir que el universo en el que se establece el mundo o mundos sobre los cuales hacer frente a problemas, más o menos cotidianos en comparación con el nuestro —pues todo «juego» está basado en mayor o menor medida en nuestra conceptualización del mismo— debería existir y persistir sin la necesidad de que pulsemos un botón.

Cuando se realiza un entorno para el desarrollo de un juego electrónico sin pensar en la jugabilidad, por definición estamos retirando el componente de juego, y queda, no reducido, sino declarado como una simulación. Esta, por tanto, al no depender de las acciones de una interacción externa, es libre, y cada decisión tomada por cada uno de sus pobladores deja de estar ligada a la dependencia con un jugador, de forma que no existen bucles infinitos esperando ser interrumpidos, o inacción perpetua hasta que el jugador hace acto de presencia. El mundo virtual simulado no debe estar a disposición de un jugador, ha de existir, **persistir** y pervivir sin él. El universo donde todo ocurre no ha de estar expectante de una pulsación de una tecla o botón, ha de ser una simulación de vida, vida virtual, con un comienzo y con un fin, con paso del tiempo, ciclos de día y noche, motor de relaciones entre personajes —complejo o no— y un **sentido teleológico** para cada ser que convierte un entorno inerte en un entorno vivo. Eso es, han de existir metas que deseen perseguir, ya sea mediante una lógica simple que debido a una pobre programación no pasa de ser un puñado de sentencias condicionales, o complicados entrelazados árboles de decisión cuyos resultados son dependientes de las relaciones interpersonales (esto es un motor de **afinidad**) con otros pobladores y el mismo jugador, que ha de ser tratado, a ojos de los no-jugadores, como un miembro más de su mundo.

No hay que establecer una manera de relacionar personajes no-jugadores y otra diferente entre estos y el jugador. Si partimos de la premisa de que el personaje que maneja el jugador es una pieza más de ese mundo, y se comporta como tal, dicha pieza debe ser referida como un elemento más de ese universo. Por tanto, el motor de afinidad, de relaciones, de acciones, etc., debe ser el mismo para todos los elementos del sistema. Se trata de que los pobladores del sistema no sean capaces de distinguir a otros personajes de aquel que maneja el jugador. Y este, solo es capaz de distinguirse a sí mismo de los no-jugadores porque tiene consciencia de sí mismo y del universo en el que se encuentra, donde tiene lugar la simulación que él mismo ha decidido poner en marcha, y por nada más.

La diferencia entre este tipo de aventura y algunos de los descritos anteriormente es que aquí el mundo es persistente. No espera por el jugador para tomar una acción, sino que funciona sin él. Como mucho, se podría definir al jugador como un elemento de caos que distorsiona y afecta el día a día de cada personaje no jugador, y a pesar de que, desde el punto de vista del jugador, su personaje sea aquel en el que se centra la mayor parte de la historia por verlo todo desde su perspectiva, no tiene protagonismo en términos del universo en donde se encuentra, del mismo modo que cada ser humano es dueño de su vida, pero no es el protagonista del planeta en el que se encuentra; este gira igualmente sin importar mucho nuestras acciones (salvo grandes figuras históricas).

Si existen **ciclos de día y noche**, entonces existe el paso del tiempo, y aunque estos pobladores no estén programados para envejecer degradándose, sí han de estar preparados —debido a su motor de inteligencia artificial, por muy simple que se conciba— para aprender de sus acciones y, por tanto, evolucionar. Al establecer un día y una noche se establece automáticamente un ritmo circadiano. Mediante rutinas de comportamiento, constantes o variables, se crea la dependencia de sus tareas con el aspecto más elemental del mundo que les rodea, los ciclos diurno y nocturno. Si no existiesen sus quehaceres, sin sus simulaciones de empleos, sin sus animaciones de desplazamiento, el día y la noche seguirán existiendo, y del mismo modo que el jugador es para los no-jugadores uno más sin importar su condición, es decir, despreciable, estos pobladores lo son a los ojos de los ciclos naturales. Son ellos quienes han de reaccionar a la lluvia y al viento, a la nieve o el buen tiempo, y no al revés, haciendo que el clima, el día y la noche, sean consecuencia de un guion ya establecido. El **tiempo** ha de ser una variable intransigente, inviolable e impasible, justo como en la realidad.

Nada debe estar sujeto a lo previsto, todo ha de ser contingente, **indeterminista** y aleatorio Las variables que se pueden controlar mediante el determinismo son aquellas mismas que en el mundo real ya están determinadas, como los fenómenos naturales, pero dentro del marco de imprevisibilidad de aquellos que estamos sujetos a ellos. Seguro que se puede estudiar un ciclo natural para determinar precisamente cuándo, cuánto y cómo va a llover, pero esa información es desconocida para la mayoría. Se puede determinar a qué distancia caerá un proyectil lanzado con cierto ángulo, cierta fuerza y condiciones conocidas, pero esos cálculos no se realizan cotidianamente. Este mundo virtual debe ser capaz de utilizar el determinismo para llevar a cabo todas sus acciones, pero no de manera que el jugador o los pobladores del sistema lo puedan conocer.

En definitiva, es necesario, para este modelo de videojuego, que el mundo sobre el que se desarrolle la acción sea, en efecto, una **simulación** de la realidad, no solo en el aspecto de las leyes de la física, también en los ámbitos ontológico y teleológico.

12.3 ACTORES, ACTORES

Cuanto mayor sea la tendencia de un videojuego a la categoría de simulación, más tenderán los roles del jugador a converger a los de jugador-actor (si se involucra con todo lo que le rodea) o jugador-espectador (si no lo hace). En cualquier caso, se trata de que los agentes externos al juego en sí mismo pierdan su característica percutora y sean sin ser, es decir, que sean indistinguibles de los elementos internos a la simulación. Para lograr esto se necesita avanzar en la inteligencia artificial con imperceptible línea de separación entre realidad y simulación.

Incluso cuando el videojuego se base en la interactuación, esto es, percutir, las repercusiones sobre ese mundo no deben ser tales que lo alteren, sino que estén dentro de lo posible de ese universo, sin cambiarlo lo suficiente ni modificarlo tanto como para que afecte al desarrollo de ese mundo, y siempre sujeto a las reglas que ofrece (un mundo sin reglas no es ni adecuado» ni «divertido»).

Y si este grado de percusión es tal que es intrínseco a dichas reglas, sin dejar de ser una simulación, sin perder su autonomía, la función del jugador-percutor sigue vigente, pero no para dar sentido a ese universo ni para dirigir las acciones que sobre él tienen lugar, sino para cumplir con las reglas que hacen que esa simulación siga siendo la misma. Este jugador-percutor se convierte, en realidad, en el jugador-actor, que está tomando acción en ese mundo y por mor de ese mundo, esto es, actuando.

Cuando el grado de percusión sea mínimo y el mundo no las requiera en sus reglas, porque sencillamente no hay nada que ese mundo permita activar, lo único que puede hacer el jugador es observar, expectante a lo que sucede en derredor de sí, es decir, siendo espectador de ese mundo. Una vez más, este jugador-espectador no lo es tanto como es jugador-actor, porque esa la única «percusión» que puede llevar a cabo dentro de ese mundo en calidad de poblador de ese lugar: está actuando. En conclusión, cuánto mayor sea la autonomía del videojuego más tiende la faceta del jugador a convertirse en la de jugador-actor.

¿Qué significa ser más actor? Significa formar parte de la obra, no dirigir su destino, dejarse guiar por ella, observarla y no salir de sus normas, estar centrado en lo posible y lo contingente sin contemplar el imposible. El videojuego ya es autónomo, no requiere un espectador que lo complete porque así ya es completo.

Si las reglas a las que está sujeto exigen pobladores del sistema, estos no tienen que ser humanos, de serlos, tendrían que ajustarse a las restricciones de la naturaleza del juego mismo, y no la del juego a la de los jugadores. Si desapareciesen todos los pobladores del sistema humanos, el juego debería seguir funcionando sin estar a la espera de una percusión o de una acción externa.

12.4 LOS NUEVOS REPERTORIOS

Los nuevos repertorios son consecuencia de la sobreexplotación del repertorio antiguo que sigue vigente por parte corporativa fundamentalmente en entornos *indie*. Tras la última década de experimentaciones disposicionales, de creatividad viva que aún sigue mostrando expansión hacia muchas áreas desconocidas, las obras de este campo están formando un nuevo repertorio.

El repertorio tradicional orientado únicamente al jugador-percutor simple está pereciendo para abrir las puertas al jugador-actor y/o jugador-espectador, por un lado, y un neo-jugador-percutor por otro, envuelto en una narrativa y utilizando su percusión solamente como un complemento a la historia, que es autónoma y no depende de él en gran medida. Solo tiene control sobre los efectos colaterales.

12.5 LAS SIMULACIONES SON MÍMESIS

Una simulación alcanza un modo de juego diferente. No requiere, por definición, de un espectador, y si este existe, no tiene (o no debería tener) control sobre ella. Cuando se simula un entorno, de existir un jugador, este ha de ser el jugador-espectador.

La interacción entre la persona y la máquina tiene asociada una carga que no contempla, como con otras formas anteriores de comunicación, una vinculación emocional. Al contrario que con teléfonos o telefaxes, las computadoras, ya sean de sobremesa o portátiles como los teléfonos móviles se han vuelto para muchos dependientes en términos que van más allá que la resolución de tareas como herramientas de trabajo. Se han vuelto sustitutos de interacción humana.

Es lógico pensar que, si sustituyen a otras personas y siendo el ser humano un ser social por naturaleza (en general), esta sociabilidad se vuelque sobre estas computadoras en un mundo donde prima el individualismo. Cuando esto ocurre, los mensajes que se reciben o envían no son interpretados de la misma manera que al recibirlos en persona, y por tanto las respuestas que se dan también carecen del componente humano.

Esto es lo destacable de la era digital. Los productos artificiales no son motivo de simulación salvo que se pretenda, porque esta puede ser tan real como el original. Un programa que simule a otro no es un caso de *mise en abyme* dado en procesos informáticos; aquí «las obras dentro de obras» son obras completas, no menos importantes que la original, cuya importancia primigenia radica, quizá, en ser el soporte donde transcurren las otras, pero solo como mera cuestión técnica y estructural, no por querer generarlas. Es decir, un programa simulado dentro de los confines de otro, no es una simulación tradicionalmente hablando porque carece de esa falsedad que tienen las simulaciones, pero al mismo tiempo, toda simulación, computacional o no, es falsa por ser imitación de algo.

La calculadora de un teléfono móvil imita a una calculadora de bolsillo, la emula en todas sus vertientes porque puede realizar exactamente las mismas funciones y operaciones, desprendida del componente material y tangible que hace que la podamos tocar y sentir. Si es menos real por no tener materia a pesar de los fotones que se desprenden de la pantalla y alcanzan la retina del usuario indicando que están en esta y aquella disposición sus paneles de información y botones virtuales, es una cuestión que carece de importancia en cuanto pensamos un poco más allá. Si en lugar de imitar una calculadora de bolsillo está imitando la calculadora de Windows, por ejemplo, ninguna es menos real que la otra, y la mimesis alcanzada coincide con la realidad, por lo que deja de tener sentido lo mimético al no tener nada que imitar. En lugar de una relación mímesis, que sería una imitación, por el de una identificación biunívoca, es decir, ambas representaciones se identifican una a la otra, pero no se distinguen una de la otra porque son, a efectos prácticos, el mismo ente.

Al representar en un programa, no la naturaleza, sino otra digitalización tal como fue concebida, la mímesis desaparece porque no existe la mimética digital, esta está asociada solo a la naturaleza. No obstante, el mundo natural tampoco puede ser imitado por estar sujeto a interpretaciones bajo determinados contextos y en un conjunto muy personal de categorías. En otras palabras, la naturaleza es diferente según quién la interprete.

En términos de desarrollo de personajes e historias, teniendo en cuenta todo esto, aquellas obras (digitales) que versen sobre (otros) asuntos digitales utilizando puramente el contexto digital, la identidad del jugador se confunde con la del personaje que representa. De este modo, aun estableciendo límites por parte del autor, el jugador se zambulle en la historia hasta perder su identidad, porque la realidad digital a la que estamos acostumbrados también está limitada, delimitada por un horizonte de barreras técnicas a las que los usuarios están ya tan acostumbrados que toman por normales. Es por eso que en las historias de ficción interactiva que simulan un entorno virtual como los que dominan hoy las vidas de muchos, no son diferentes de la realidad.

Si un ser humano se encontrase en un plató de televisión, decorado como su entorno o de manera similar, rodeado de actores interpretando papeles de gente que se comporta como aquella a la que el individuo allí presente ve por las calles de su realidad y pudiese interactuar con todo aquello que le rodea de una manera casi idéntica a la que obra en su día a día, no distinguiría la ficción de la realidad. Y aun sabiendo que se trata de una ficción, ya que los límites de esta son casi los mismos a los de su realidad cotidiana, no lo tomaría como virtual. Sus respuestas, sus emociones, su catarsis... todo sería genuino, y al ser genuino no sería mímesis; sería, sencillamente, su realidad.

12.6 AUTONOMÍA DEL JUEGO

Pero todo esto puede llevar a pensar que el mundo está ahí para nosotros, para que seamos sus espectadores. Y como hemos dicho en capítulos anteriores, no existe obra de arte sin artista, pero tampoco sin espectador. Una simulación no requiere, por definición, de un espectador, y si este existe, no tiene (o no debería tener) control sobre ella. Cuando se simula un entorno, de existir un espectador de este, este ha de ser el espectador. Si un espectador estuviese en posición del alterar la simulación, esta ya no simularía correctamente aquello para lo que ha sido diseñada, en cualquier otro caso sería una simulación incorrecta, imperfecta, menos simulación y más juego. Esta ha de ser autónoma. De aquí se infiere que un espectador que contempla una simulación no puede ejercer control sobre ella sin destruir su naturaleza autónoma.

Por lo que, si un juego basa su *ludos* en la simulación, que pese a ser autónoma sigue disponiendo de su espacio lógico completo, el espectador y jugador, como en cualquier otro tipo de juego, no puede alterar esas normas. Es por esto, que en una simulación no hay espacio para el jugador-percutor, solo para un espectador pasivo como jugador-espectador, o para un espectador activo, como jugador-actor. Una simulación alcanza un modo de juego diferente.

GLOSARIO

- ***Adventure Game Interpreter.*** Primer analizador sintáctico orientado a aventuras gráficas creado por Sierra On-Line y utilizado por todas sus aventuras entre 1984 y 1988 hasta que fue sustituido por el SCI.

- ***Bulletin Board System*.** *Software* para redes de computadoras, muy popular en las décadas de los ochenta y noventa, que permite conectarse al sistema utilizando un programa terminal para realizar funciones de descarga de datos.

- ***Chiptune.*** Sonidos digitales caracterizados por utilizar el chip de sonido incluido en las computadoras de 8 bits o bien muestreos (*samples*) menores a 4 kilobytes que son reproducidos en bucle (*loop*) en algún secuenciador (*tracker*) y utilizando envolventes de amplitud para darles forma a estos.

- ***Color Graphics Adapter.*** Primera tarjeta gráfica en color de IBM y el primer estándar gráfico en color para el IBM PC, introducido en 1981. La resolución máxima era 640×200 píxeles, y la mayor profundidad de color soportada era de 2 bits (cuatro colores). El modo más conocido, usado en la mayoría de los juegos *Color Graphics Adapter* (CGA), mostraba cuatro colores a una resolución de 320×200 píxeles.

- ***Compact Disc Read-Only Memory.*** Disco compacto con el que se utiliza un láser para leer información en formato digital. Su estándar fue establecido en 1985 por Sony y Philips.

- ***Enhanced Graphics Adapter.*** Especificación estándar de IBM PC introducida en 1984 para visualización de gráficos, situada entre CGA y VGA en términos de rendimiento gráfico, con profundidad de color de 16 colores y resolución de hasta 640×350 píxeles.

- **Entertainment Software Rating Board.** Sistema de calificación por edades de Estados Unidos para videojuegos, películas, establecido en 1994.

- ***First-person shooter.*** Género de videojuegos y subgénero de los videojuegos de disparos en los que el jugador observa el mundo desde la perspectiva del personaje protagonista.

- **Licencia Pública General de GNU.** Licencia de derecho de autor más ampliamente usada en el mundo del *software* libre y código abierto, y garantiza a los usuarios finales (personas, organizaciones, compañías) la libertad de usar, estudiar, compartir (copiar) y modificar el *software*.

- **Interactive Music Streaming Engine.** Sistema musical utilizado por Michael Land y Peter McConnell, compositores de LucasArts, con el objetivo de sincronizar la música del juego con los eventos que suceden durante la partida, y también facilitar las transiciones entre escenas. A partir de 1991 formó parte del motor SCUMM.

- **Interactive Streaming Animation Engine.** Motor animación desarrollado por LucasArts caracterizado por su sistema de compresión de vídeo que permite la exhibición de vídeo en alta calidad en alta resolución.

- ***Massively-multiplayer online role-playing game.*** Videojuegos de rol que permiten a miles de jugadores introducirse en un mundo virtual de forma simultánea a través de Internet e interactuar entre ellos.

- ***Musical Instrument Digital Interface.*** Es un estándar tecnológico que describe un protocolo, una interfaz digital y conectores que permiten que varios instrumentos musicales electrónicos, computadoras y otros dispositivos relacionados se conecten y comuniquen entre sí. Fue estandarizada en 1983.

- **Pan European Game Information.** Sistema europeo de clasificación por edades para videojuegos y otro *software* de entretenimiento que entró en vigor en 2003 y es aplicado en veinticinco países.

- ***Role-playing video* game.** Género de videojuegos que usa elementos de los juegos de rol tradicionales, aunque no es una emulación computacional de estos por completo.

- **Script Creation Utility for *Maniac Mansion*.** *Software* a medio camino entre un lenguaje y un motor para videojuegos de aventuras gráficas. Fue creado por Lucasfilm Games (después conocida como LucasArts). Fue el motor de aventuras gráficas más popular en los ochenta y principios de los noventa.

- **Sierra's Creative Interpreter.** Motor de creación de videojuegos desarrollado por Jeff Stephenson para Sierra On-Line, y utilizado por la mayoría de las aventuras gráficas de Sierra desde 1988 hasta 1996. Sustituyó al AGI.
- **Unity.** Motor de videojuego multiplataforma creado por Unity Technologies. Unity está disponible como plataforma de desarrollo para Microsoft Windows y OS X.
- ***Video Graphics Array.*** Último estándar de vídeo introducido por Gaijin Corp. al que se atuvieron la mayoría de los fabricantes de computadoras compatibles IBM, convirtiéndolo en el mínimo que todo el *hardware* gráfico soporta antes de cargar un dispositivo específico. Sus modos de imagen tenían paletas de 16 y 256 colores, y una resolución máxima de 800×600 píxeles.

Acrónimos

- **AGI**. Adventure Game Interpreter.
- ***BBS.*** *Bulletin Board System.*
- ***CD-ROM.*** *Compact Disc Read-Only Memory.*
- ***CGA.*** *Color Graphics Adapter.*
- ***CPU.*** *Central Processing Unit.*
- ***EGA.*** *Enhanced Graphics Adapter.*
- **ESRB.** *Entertainment Software Rating Board.*
- ***FPS.*** *First-Person Shooter.*
- ***GPL.*** *GNU General Public License.*
- ***GPU.*** *Graphics Processor Unit.*
- **iMUSE.** Interactive Music Streaming Engine.
- **INSANE.** Interactive Streaming Music Animation Engine.
- ***MIDI.*** *Musical Instrument Digital Interface.*
- ***MMORPG.*** *Massively-Multiplayer Online Role-Playing Game.*
- **PEGI.** *Pan European Game Information.*
- ***RPG.*** *Role-playing video game.*
- **SCI.** Sierra's Creative Interpreter.
- **SCUMM**. Script Creation Utility for *Maniac Mansion.*
- ***VGA.*** *Video Graphics Array.*

REFERENCIAS

Claramonte, J. 2016. *Estética modal.* Editado por Tecnos. Grupo Anaya, S. A.

Cavanagh, T., entrevista de Michael Rose. 2010. *Intervvvvvview: Terry Cavanagh* (6 de enero). Último acceso: 14 de julio de 2017. http://www.indiegames.com/2010/01/intervvvvvview_terry_cavanagh.html.

Liddell, H. G., y R. Scott. 1940. *Liddell and Scott's Greek-English Lexicon.* University of Chicago. Último acceso: 8 de diciembre de 2016. http://perseus.uchicago.edu/Reference/LSJ. html.

Lombardi, Chris. 1992. «Son of "Flesh Gordon?" / Infocom's 'Leather Goddesses of Phobos 2'.» *Computer Gaming World*, julio: 68–9.

Anderson, J., y J. Mewes. 2014. *Randal's Monday at the Recordings* (30 de octubre).

El País. 1987. «Genios del ordenador.» 1 de febrero.

Gardiner, B. 2007. «Gordon Moore Predicts End of Moore's Law (Again).» *Wired.com.* 18 de septiembre. Último acceso: 23 de mayo de 2016. http://www.wired.com/2007/09/idf-gordon-mo-1.

Grubb, J. 2014. «Gaming advocacy group: The average gamer is 31, and most play on a console.» *VentureBeat.* 29 de abril. Último acceso: 25 de abril de 2017. https://venturebeat.com/2014/04/29/gaming-advocacy-group-the-average-gamer-is-31-and-most-play-on-a-console/.

Haycan, S. 2012. *El descubrimiento del Universo.* Fondo de Cultura Económica.

Howard, T., entrevista de Mark Rose. 2016. *Q&A: 'Skyrim' Creator Todd Howard Talks Switch, VR and Why We'll Have to Wait for Another 'Elder Scrolls'* (21 de noviembre). Último acceso: 27 de diciembre de 2016. http://www.glixel.com/interviews/skyrim-creator-todd-howard-talks-switch-vr-and-elder-scrolls-wait-w451761.

Maher, J. 2009. «Softporn.» *The Digital Antiquarian.* 29 de febrero. Último acceso: 15 de septiembre de 2017. http://www.filfre.net/2012/02/softporn/.

Manning, P. 2004. *Electronic and Computer Music.* Oxford University Press.

Murphy, S., y M. Crowe. 2012. «Join Scott and Mark in their Epic new SpaceVenture.» *Two Guys from Andromeda SpaceVenture ft. Ace Hardway.* 25 de marzo. Último acceso: 14 de junio de 2017. http://guysfromandromeda.com/new-game/.

Nooney, L. 2014. «The Odd History of the First Erotic Computer Game.» *The Atlantic.* 2 de diciembre. Último acceso: 10 de septiembre de 2017. https://www.theatlantic.com/technology/archive/2014/12/the-odd-history-of-the-first-erotic-computer-game/383114/.

Pantelia, M. C., ed. 2011. *Thesaurus Linguæ Graecæ® Digital Library.* University of California, Irvine. Último acceso: 8 de diciembre de 2016. http://www.tlg.uci.edu.

Parry, R. 2014. «'Epistêmê' and 'Technê'.» Editado por E. N. Zalta. Último acceso: 11 de diciembre de 2016. https://plato.stanford.edu/archives/ fall2014/entries/episteme-techne/.

Real Academia Española. 2014. *Diccionario de la lengua española.* 23. Último acceso: 15 de diciembre de 2016. http://dle.rae.es/.

Rodríguez Adrados, F., y E. Gangutia Elícegui. 2008. *Diccionario griego-español.* Vol. 1. Consejo Superior de Investigaciones Científicas. Último acceso: 8 de diciembre de 2016. http: //dge.cchs.csic.es/.

Statista. 2017. «Age breakdown of video game players in the United States in 2017.» *Statista. The Statistics Portal.* Último acceso: 10 de septiembre de 2017. https://www.statista.com/statistics/189582/age-of-us-video-game-players-since-2010/.

Tatarkiewicz, W. 2015. *Historia de seis ideas. Arte, belleza, forma, creatividad, mímesis, experiencia estética.* Editado por Tecnos. Traducido por F. Rodríguez Martín.

LUDOGRAFÍA

- 3909 LLC (2013). *Papers, please* [Microsoft Windows].
- 7780s Studio (2014). *P. T.* [PlayStation 4]. Konami.
- 3D Realms (2011). *Duke Nukem Forever* [Microsoft Windows y PlayStation 3]. 2K Games.
- AlPixel Games (2015). *Missing Translation* [Microsoft Windows]. GamesBoosters.
- Amanita Design (2009). *Machinarium* [Microsoft Windows].
- Armor Games (2008). *Shift* [Flash e iOS].
- BEAM Team Games (2015a). *Stranded Deep* [Microsoft Windows].
- Bethesda Game Studios (2006). *The Elder Scrolls IV: Oblivion* [Microsoft Windows]. Bethesda Softworks.
- Blizzard North (2000). *Diablo II* [Microsoft Windows]. Blizzard Entertainment.
- Brøderbund (1989) *Prince of Persia*. [Apple II].
- Brøderbund (1993) *Prince of Persia 2: The Shadow and the Flame*. [DOS].
- Bullfrog Productions (1993). *Syndicate* [DOS y Amiga]. Electronic Arts.
- Campo Santo (2016). *Firewatch* [Microsoft Windows]. Panic.
- Capcom (1987). *Mega Man* [NES/Famicom].

- Creative Reality (1994). *Dreamweb* [DOS]. Empire Interactive.
- Crowther, Will (1976). *Colossal Cave Adventure* [PDP-10].
- Croteam (2015). *The Talos Principle* [Microsoft Windows]. Devolver Digital.
- Cyberdreams (1992). *Dark Seed.* [DOS]. Cinemaware.
- Delphine Software (1989). *Les Voyageurs du Temps: La Menace* [DOS, Amiga y Atari ST].
- Hello Games (2016). *No Man's Sky* [PlayStation 4]. Sony Interactive Entertainment.
- Hofmeier, R. (2011). *Cart Life* [Microsoft Windows]. Adventure Game Studio.
- Hudson, K. (2013). *The Novelist* [Microsoft Windows]. Orthogonal Games.
- Infocom (1986). *Leather Goddesses of Phobos* [Amiga].
- Infocom (1992). *Leather Goddesses of Phobos 2: Gas Pump Girls Meet the Pulsating Inconvenience from Planet X!* [DOS]. Activision.
- Infogrames (1992). *Alone in the Dark* [DOS].
- Infogrames (1993). *Shadow of the Comet* [DOS].
- Guys from Andromeda, LLC (2015). *Cluck Yegger in Escape from the Planet of the Poultroid* [Microsoft Windows].
- Love Conquers All Games (2010). *Digital: A Love Story* [Microsoft Windows]. Christine Love.
- LucasArts (1993). *Day of the Tentacle* [DOS].
- LucasArts (1998). *Grim Fandango* [Microsoft Windows].
- LucasArts (1991). *Monkey Island 2: LeChuck's Revenge* [DOS].
- LucasArts (1997). *The Curse of Monkey Island* [Microsoft Windows].
- Lucasfilm Games (1987). *Maniac Mansion* [Commodore 64].
- Lucasfilm Games (1989). *Indiana Jones and the Last Crusade: The Graphic Adventure* [DOS].
- Lucasfilm Games (1990). *The Secret of Monkey Island* [DOS].
- Molleindustria (2009). *Every day the same dream* [Flash].

- Moon Studios (2015). *Ori and the Blind Forest* [Microsoft Windows]. Microsoft Studios.
- N-Games Studios (2014). *Randal's Monday* [PlayStation 4]. Daedalic Entertainment.
- Naughty Dog (2016). *Uncharted 4: A Thief's End* [PlayStation 4]. Sony Computer Entertainment.
- Nicalis (2010). *VVVVVV* [Microsoft Windows].
- Nintendo Research and Development 4 (1985). *Super Mario Bros.* [Nintendo Entertainment System]. Nintendo.
- On-Line Systems (1981). *Softporn Adventure* [Apple II].
- Opera Soft (1987). *La abadía del crimen* [Amstrad CPC].
- Phosfiend Systems (2014). *Fract OSC* [Microsoft Windows].
- Playdead (2010). *Limbo* [Xbox 360]. Microsoft Game Studios.
- Pyro Studios (1998). *Commandos: Behind Enemy Lines* [Microsoft Windows]. Eidos Interactive.
- Raw Dwarf Games (2012). *The Old Tree* [Microsoft Windows].
- Red Barrels (2013). *Outlast* [Microsoft Windows].
- Rebel Act Studios (2001). *Blade: The Edge of Darkness* [Microsoft Windows].
- Remedy Entertainment (2001). *Max Payne* [Microsoft Windows]. Gathering of Developers.
- Rockstar North (2002). *Grand Theft Auto: Vice City* [PlayStation 2]. Rockstar Games.
- Rockstar North (2004). *Grand Theft Auto: San Andreas* [PlayStation 2]. Rockstar Games.
- Rockstar North (2008). *Grand Theft Auto IV* [PlayStation 3]. Rockstar Games.
- Rockstar Studios (2012). *Max Payne 3* [PlayStation 3]. Rockstar Games.
- Scott Cawthon (2014). *Five Nights at Freddy's* [Microsoft Windoes].
- Sierra On-Line (1986). *Space Quest: The Sarien Encounter* [DOS].

- Sierra On-Line (1987). *Police Quest: In Pursuit of the Death Angel* [DOS].
- Sierra On-Line (1989). *Conquests of Camelot: The Search for the Grail* [DOS].
- Sierra On-Line (1990). *Quest for Glory II: Trial by Fire* [DOS].
- Sierra On-Line (1991). *Castle of Dr. Brain* [DOS y Amiga].
- Sierra On-Line (1991). *Conquests of the Longbow: The Legend of Robin Hood* [DOS].
- Sierra On-Line (1994). *The Increible Machine 2* [DOS].
- Sierra On-Line (1995). *Phantasmagoria* [DOS].
- Studio Wildcard Instinct Games (2015a). *ARK: Survival Evolved.* Studio Wildcard.
- Tale of Tales (2008). *The Graveyard* [Microsoft Windows].
- Team 17 Digital Limited (2014). *The Escapists* [DOS]. Team17.
- Team 17 Digital Limited (2017). *The Escapists 2* [DOS]. Team17.
- Thatgamecompany (2012). *Journey* [PlayStation 3]. Sony Computer Entertainment.
- Unknown Worlds Entertainment (2018). *Subnautica* [Xbox One].
- Valve (1998). *Half-Life* [Microsoft Windows]. Sierra Studios.
- Valve (1999). *Half-Life: Opposing Force* [Microsoft Windows]. Sierra Studios.
- Valve Corporation (2007). *Portal* [Microsoft Windows].
- Wide Games (2002). *Prisoner of War* [Microsoft Windows]. Codemasters.
- Westwood Studios (1997). *Blade Runner* [Microsoft Windows]. Virgin Interactive.

www.ingramcontent.com/pod-product-compliance
Lightning Source LLC
LaVergne TN
LVHW061222100826
845148LV00004B/832
9781681657011